生态环境保护管理工作技术实践

贯彻新发展理念 推动绿色低碳高质量发展

SHENGTAI HUANJING BAOHU GUANLI GONGZUO JISHU SHIJIAN

GUANCHE XINFAZHAN LINIAN TUIDONG LÜSE DITAN GAOZHILIANG FAZHAN

和小平 邵润蛟 张少华 李维伦 邢旭辉／著

中国环境出版集团·北京

图书在版编目（CIP）数据
生态环境保护管理工作技术实践 ： 贯彻新发展理念推动绿色低碳高质量发展 / 和小平等著． -- 北京 ： 中国环境出版集团， 2024． 12． -- ISBN 978-7-5111-6086-7
Ⅰ．X321．2
中国国家版本馆 CIP 数据核字第 20246EN803 号

责任编辑 孙　莉
封面设计 彭　杉

出版发行 中国环境出版集团
（100062　北京市东城区广渠门内大街 16 号）
网　　址：http：//www.cesp.com.cn
电子邮箱：bjgl@cesp.com.cn
联系电话：010-67112765（编辑管理部）
010-67112736（第五分社）
发行热线：010-67125803，010-67113405（传真）
印　　刷 北京中科印刷有限公司
经　　销 各地新华书店
版　　次 2024 年 12 月第 1 版
印　　次 2024 年 12 月第 1 次印刷
开　　本 787×1092　1/16
印　　张 9.75
字　　数 140 千字
定　　价 60.00 元

著者委员会

主　编　和小平　邵润蛟　张少华
　　　　李维伦　邢旭辉

副主编　梁守政　王　福　石慧龙
　　　　行　安　包　菡　王浩东
　　　　包春光　梁　柨

编　委　律严励　段志国　胡敬韬
　　　　杨　帆　张兆成　王家玉
　　　　沈金霞　王　凯　樊　冲
　　　　马玉波　王嫣然　王永佳
　　　　刘　楠　刘　毅　喻秀芳
　　　　赵明月　刘一男

前言 Preface

随着全球气候变化对人类生活的严峻挑战以及公众对生态环境保护的意识日益增强，推动绿色低碳高质量发展已成为全人类共同的责任与使命。生态环境保护管理工作作为实现绿色低碳高质量发展的关键环节，不仅关乎国家的可持续发展，还与每个人的生活息息相关。

近年来，我国生态文明建设工作取得了显著成效，但生态环境保护仍面临诸多挑战。党的二十大报告明确提出，要“推动绿色发展，促进人与自然和谐共生”，这为我们生态环境保护管理工作指明了前进的方向。习近平总书记多次强调，要坚定不移地走生态优先、绿色低碳的高质量发展道路。本书深入贯彻新发展理念，围绕绿色低碳高质量发展的核心要求，系统梳理了生态环境保护管理工作的技术实践与创新思路。

本书共分为四章。第一章为降碳减污扩绿增长　协同推进生态文明建设，从新时代生态文明建设的根本遵循和行动指南出发，深入分析了正确处理生态文明建设中“五个重大关系”的重要性，并结合国家相关政策文件，阐述了加快绿色发展转型，深入推进环境污染防治，提升生态系统多样性、稳定性、持续性，积极推进碳达峰碳中和的政策要求。

第二章为企业生态环境保护管理，详细介绍了企业在生态环境保护方面的合规管理，排污许可管理，废气、废水、固体废物、噪声及土壤污染防治等具体工作。通过列举一系列法律法规和技术规范，以及对实际案例进行分析，帮助企业建立健全生态环境保护管理体系，提升环境治理能力和水平。

第三章为企业环境智慧化管理，本章通过介绍企业智慧环境监管系统的建设思路、原则、目标及具体设计，展示了智慧化管理在提升环境监管效能、优化资源配置等方面的巨大潜力。

第四章为生态环境保护管理趋势展望，本章从多个角度分析了未来生态环境保护管理工作的趋势和发展方向，为相关人员提供了启示。

综上所述，本书旨在通过全面、系统地梳理和介绍生态环境保护管理工作的技术实践与创新思路，为生态环境保护管理工作者、研究人员及关心生态环境保护事业的各界人士提供一本兼具理论性与实践性的参考指南，同时为推动绿色低碳高质量发展贡献一份力量。

作者

2024 年 10 月

目　录

Contents

第一章

降碳减污扩绿增长
协同推进生态文明建设

第一节 新时代生态文明建设的根本遵循和行动指南

党的十八大以来，以习近平同志为核心的党中央从中华民族永续发展的高度出发，深刻把握生态文明建设在新时代中国特色社会主义事业中的重要地位和战略意义，大力推动生态文明理论创新、实践创新、制度创新，提出一系列新理念新思想新战略，引领我国生态文明建设从理论到实践都发生了历史性、转折性、全局性变化，美丽中国建设迈出重大步伐，形成了习近平生态文明思想，为以美丽中国建设全面推进人与自然和谐共生的现代化提供了根本遵循。

为深入学习贯彻习近平新时代中国特色社会主义思想特别是习近平生态文明思想，中央宣传部、生态环境部组织编写了《习近平生态文明思想学习纲要》（以下简称《纲要》）。《纲要》指出，习近平生态文明思想系统阐释了人与自然、保护与发展、环境与民主、国内与国际等关系，就其主要方面来讲，集中体现为“十个坚持”，即坚持党对生态文明建设的全面领导，坚持生态兴则文明兴，坚持人与自然和谐共生，坚持绿水青山就是金山银山，坚持良好生态环境是最普惠的民生福祉，坚持绿色发展是发展观的深刻革命，坚持统筹山水林田湖草沙系统治理，坚持用最严格制度最严密法治保护生态环境，坚持把建设美丽中国转化为全体人民自觉行动，坚持共谋全球生态文明建设之路。

2023 年 9 月，习近平总书记在主持召开新时代推动东北全面振兴座谈会时强调，积极培育新能源、新材料、先进制造、电子信息等战略性新兴产业，积极培育未来产业，加快形成新质生产力，增强发展新动能。2023 年 12 月，习近平总书记在中央经济工作会议中强调，要以科技创新推动产业创新，特别是以颠覆性技术和前沿技术催生新产业、新模式、新动能，发展新质生产力。2024 年 1 月，习近平总书记在中共中央政治局第十一次集体学习时强调，发展新质生产力是推动高质量发展的内在要求和重要着力点，必须继续做好创新这篇大文章，推动新质生产力加快发展。新质生产力是由技术革命性突破、生产要素创新性配置、产业深度转型升级而催生，以劳动者、劳动资料、劳动对象及其优化组合的跃升为基本内涵，以全要素生产率提升为核心标志。区别于依靠大量资源投入、高度消耗资源能源的生产力传统发展方式，新质生产力是以科技创新为主导，符合高质量发展要求的生产力，具有数字化、高效能、高质量等显著特征，是推动经济高质量发展的新动能，是塑造国家竞争优势的新支撑，也是抢抓数字经济高质量发展红利的新标准。

一、加快发展方式绿色转型

2023 年 7 月 17 日至 18 日，全国生态环境保护大会在北京召开。习近平总书记出席会议并发表重要讲话。习近平总书记指出，总结新时代十年的实践经验，分析当前面临的新情况新问题，继续推进生态文明建设，必须以新时代中国特色社会主义生态文明思想为指导，正确处理几个重大关系，即高质量发展和高水平保护的关系、重点攻坚和协同治理的关系、自然恢复和人工修复的关系、外部约束和内生动力的关系、“双碳”承诺和自主行动的关系。习近平总书记关于正确处理生态文明建设的“五个重大关系”的重要论述，高度契合党的二十大关于“推动绿色发展，促进人与自然和谐共生”的要求。习近平总书记强调，要加快推动发展方式绿色低碳转型。坚持把绿色低碳发展作为解决生态环境问题的治本之策，加快形成绿色生产方式和生活方式，厚植高质量发展的绿色底色。

（一）落实国家重大战略，促进区域协调发展

党的十八大以来，以习近平同志为核心的党中央高度重视区域协调发展工作，不断丰富和完善区域协调发展理念战略和政策体系。京津冀协同发展、长江经济带发展、粤港澳大湾区建设、长三角一体化发展、黄河流域生态保护和高质量发展等一系列重大区域战略稳步推进。

2023 年 12 月 27 日，《中共中央　国务院关于全面推进美丽中国建设的意见》发布，该意见明确提出，建设美丽中国先行区。聚焦区域协调发展战略和区域重大战略，加强绿色发展协作，打造绿色发展高地。完善京津冀地区生态环境协同保护机制，加快建设生态环境修复改善示范区，推动雄安新区建设绿色发展城市典范。在深入实施长江经济带发展战略中坚持共抓大保护，建设人与自然和

谐共生的绿色发展示范带。深化粤港澳大湾区生态环境领域规则衔接、机制对接，共建国际一流美丽湾区。深化长三角地区共保联治和一体化制度创新，高水平建设美丽长三角。坚持以水定城、以水定地、以水定人、以水定产，建设黄河流域生态保护和高质量发展先行区。深化国家生态文明试验区建设。

（二）调整产业结构、能源结构、交通运输结构

2024 年 8 月 11 日，《中共中央 国务院关于加快经济社会发展全面绿色转型的意见》发布，该意见提出系列目标：到 2030 年，节能环保产业规模达到 15 万亿元左右；非化石能源消费比重提高到 25% 左右；营运交通工具单位换算周转量碳排放强度比 2020 年下降 9.5% 左右等。

围绕产业结构调整、产能布局优化，该意见提出，推动传统产业绿色低碳改造升级。大力推动钢铁、有色、石化、化工、建材、造纸、印染等行业绿色低碳转型，推广节能低碳和清洁生产技术装备，推进工艺流程更新升级。优化产能规模和布局，持续更新土地、环境、能效、水效和碳排放等约束性标准，以国家标准提升引领传统产业优化升级，建立健全产能退出机制。合理提高新建、改扩建项目资源环境准入门槛，坚决遏制高耗能、高排放、低水平项目盲目上马。

围绕能源结构调整，该意见提出，稳妥推进能源绿色低碳转型。加强能源产供储销体系建设，坚持先立后破，推进非化石能源安全可靠有序替代化石能源，持续优化能源结构，加快规划建设新型能源体系。坚决控制化石能源消费，深入推动煤炭清洁高效利用，“十四五”时期严格合理控制煤炭消费增长，接下来 5 年逐步减少，在保障能源安全供应的前提下，重点区域继续实施煤炭消费总量控制，积极有序推进散煤替代。加大油气资源勘探开发和增储上产力度，加快油气勘探开发与新能源融合发展。推进二氧化碳捕集利用与封存项目建设。

围绕交通运输结构调整，该意见提出，推进交通运输绿色转型。构建绿色高效交通运输体系，提高绿色集疏运比例，持续提高大宗货物的铁路、水路运输比重。推广低碳交通运输工具。大力推广新能源汽车，推动船舶、航空器、非道路移动机械等采用清洁动力，加快淘汰老旧运输工具等。

（三）实施全面节约战略

党的二十大报告强调，推进各类资源节约集约利用，加快构建废弃物循环利

用体系。2023 年 12 月 27 日发布的《中共中央　国务院关于全面推进美丽中国建设的意见》中做了全面的阐述，实施全面节约战略，推进节能、节水、节地、节材、节矿。持续深化重点领域节能。加强新型基础设施用能管理。深入实施国家节水行动，强化用水总量和强度双控。健全节约集约利用土地制度。加快构建废弃物循环利用体系。推进原材料节约和资源循环利用，大力发展再制造产业。同时，围绕废弃物循环利用，国务院先后出台了《关于加快建立健全绿色低碳循环发展经济体系的指导意见》《关于加快构建废弃物循环利用体系的意见》等，提出强化大宗固体废弃物综合利用、加强再生资源高效利用等要求。

二、深入推进环境污染防治

习近平总书记在全国生态环境保护大会上指出，要持续深入打好污染防治攻坚战，坚持精准治污、科学治污、依法治污，保持力度、延伸深度、拓展广度，深入推进蓝天、碧水、净土三大保卫战，持续改善生态环境质量。

（一）深入打好蓝天保卫战

2021 年 11 月，《中共中央　国务院关于深入打好污染防治攻坚战的意见》提出，到 2025 年，单位国内生产总值二氧化碳排放比 2020 年下降 18%，地级及以上城市细颗粒物（$PM_{2.5}$）浓度下降 10%，空气质量优良天数比率达到 87.5%。在深入打好蓝天保卫战方面要着力打好重污染天气消除攻坚战，着力打好臭氧污染防治攻坚战，持续打好柴油货车污染治理攻坚战，加强大气面源和噪声污染治理。2023 年 11 月，国务院印发的《空气质量持续改善行动计划》明确提出，到 2025 年，氮氧化物和 VOCs 排放总量比 2020 年分别下降 10% 以上，并部署了“强化多污染物减排，切实降低排放强度”等九项重点工作任务。围绕挥发性有机物治理，生态环境部持续发布相关政策文件，如 2021 年 8 月印发的《关于加快解决当前挥发性有机物治理突出问题的通知》，从 10 个关键环节提出挥发性有机物治理当前存在的突出问题、排查检查重点和治理要求。

（二）深入打好碧水保卫战

《中共中央　国务院关于深入打好污染防治攻坚战的意见》提出，到 2025 年，地表水Ⅰ～Ⅲ类水体比例达到 85%，近岸海域水质优良（一、二类）比例达到

79% 左右，城市黑臭水体基本消除。意见中作出了持续打好城市黑臭水体治理攻坚战、持续打好长江保护修复攻坚战、着力打好黄河生态保护治理攻坚战、巩固提升饮用水安全保障水平、着力打好重点海域综合治理攻坚战、强化陆域海域污染协同治理等一系列部署。

（三）深入打好净土保卫战

《中共中央　国务院关于深入打好污染防治攻坚战的意见》提出，到 2025 年，土壤污染风险得到有效管控，固体废物和新污染物治理能力明显增强。该意见作出了持续打好农业农村污染治理攻坚战、深入推进农用地土壤污染防治和安全利用、有效管控建设用地土壤污染风险、稳步推进“无废城市”建设、加强新污染物治理、强化地下水污染协同防治等一系列部署。

三、提升生态系统多样性、稳定性、持续性

党的二十大报告中明确提出，以国家重点生态功能区、生态保护红线、自然保护地等为重点，加快实施重要生态系统保护和修复重大工程。《中共中央　国务院关于全面推进美丽中国建设的意见》进一步提出，优化国土空间开发保护格局。坚守生态保护红线，强化执法监管和保护修复，使全国生态保护红线面积保持在 315 万平方公里以上。坚决守住 18 亿亩[①]耕地红线。除国家重大项目外，不再新增围填海。2017 年 2 月，中共中央办公厅、国务院办公厅出台了《关于划定并严守生态保护红线的若干意见》，该意见规定，生态保护红线原则上按禁止开发区域的要求进行管理。严禁不符合主体功能定位的各类开发活动，严禁任意改变用途。同时，要求加大生态保护补偿力度、加强生态保护与修复。

四、积极稳妥推进碳达峰碳中和

党的二十大报告中明确提出，立足我国能源资源禀赋，坚持先立后破，有计划分步骤实施碳达峰行动。完善能源消耗总量和强度调控，重点控制化石能源消费，逐步转向碳排放总量和强度“双控”制度。推动能源清洁低碳高效利用，推进工业、建筑、交通等领域清洁低碳转型。2021 年 9 月印发的《中共中央　国

① 1 亩≈0.066 7 公顷。

务院关于完整准确全面贯彻新发展理念做好碳达峰碳中和工作的意见》作出了全面部署，明确了2025年、2030年及2060年的目标。2021年10月，国务院发布的《2030年前碳达峰行动方案》提出，到2025年，非化石能源消费比重达到20%左右，单位国内生产总值能源消耗比2020年下降13.5%，单位国内生产总值二氧化碳排放比2020年下降18%，为实现碳达峰奠定坚实基础。到2030年，非化石能源消费比重达到25%左右，单位国内生产总值二氧化碳排放比2005年下降65%以上，顺利实现2030年前碳达峰目标。

近年来，我国碳市场建设取得了显著进展。2021年7月和2024年1月，我国先后启动了全国碳排放权交易市场和全国温室气体自愿减排交易市场，共同构成了全国碳市场体系。这一体系的建立，标志着我国碳市场在制度建设、基础设施建设以及市场运行方面均取得了重要突破。随着碳市场的不断发展，我国碳市场的法律法规体系也基本建成。这包括一系列与碳排放交易相关的法规、规章和规范性文件，为碳市场的规范运行提供了坚实的法律保障。同时，这些法律法规还明确了碳排放权的交易规则、监管要求以及违法行为的处罚措施等，为碳市场的健康发展奠定了坚实基础。

从运行情况来看，我国碳市场运行平稳有序。截至2024年8月底，全国碳排放权交易市场累计成交量已达到4.76亿吨，成交额达279亿元。碳价在每吨90元左右波动，总体处于合理水平。我国碳市场的行业覆盖范围也在逐步扩大。除了已经纳入的发电行业，水泥、钢铁、电解铝等行业也被纳入碳排放权交易市场的覆盖范围。这一举措将有助于进一步推动这些行业的低碳转型和绿色发展。同时，随着碳市场的不断完善和扩围工作的深入推进，未来还将有更多的行业被纳入碳市场。随着政策的进一步推动和市场的不断发展，我国碳市场有望在推动绿色低碳发展、实现碳达峰碳中和目标方面发挥更加重要的作用。

第二章

企业生态环境保护管理

第一节 建设项目合规管理

一、主要相关法律法规

（1）《中华人民共和国环境保护法》；

（2）《中华人民共和国环境影响评价法》；

（3）《中华人民共和国大气污染防治法》；

（4）《中华人民共和国水污染防治法》；

（5）《中华人民共和国固体废物污染环境防治法》；

（6）《中华人民共和国土壤污染防治法》；

（7）《中华人民共和国环境噪声污染防治法》；

（8）《建设项目环境保护管理条例》；

（9）《建设项目环境影响评价分类管理名录》（2021 年版）；

（10）《环境影响评价公众参与办法》（生态环境部部令第 4 号）；

（11）《关于发布〈建设项目竣工环境保护验收暂行办法〉的公告》（国环规环评〔2017〕4 号）；

（12）《关于印发〈污染影响类建设项目重大变动清单（试行）〉的通知》（环办环评函〔2020〕688 号）；

（13）《关于印发建设项目竣工环境保护验收现场检查及审查重点的通知》（环办〔2015〕113 号）；

（14）《关于发布〈建设项目竣工环境保护验收技术指南 污染影响类〉的公告》（生态环境部公告 2018 年第 9 号）。

二、建设项目环境影响评价

（一）背景

依据《中华人民共和国环境保护法》（2014 年 4 月 24 日修订）的规定：编制有关开发利用规划，建设对环境有影响的项目，应当依法进行环境影响评价。未依法进行环境影响评价的开发利用规划，不得组织实施；未依法进行环境影响评价的建设项目，不得开工建设。因此，建设对环境有影响的项目，需开展环境影响评价。

依据《中华人民共和国环境影响评价法》（2018 年 12 月 29 日第二次修正）的规定：国家根据建设项目对环境的影响程度，对建设项目的环境影响评价实行分类管理。目前，建设单位依据《建设项目环境影响评价分类管理名录》（2021 年版）开展环境影响评价工作。

（二）相关要求

建设项目中防治污染的设施，应当与主体工程同时设计、同时施工、同时投产使用。

对依法应当编制环境影响报告书的建设项目，建设单位应当在编制时向可能受影响的公众说明情况，充分征求意见。

建设项目的环境影响评价文件经批准后，建设项目的性质、规模、地点、采用的生产工艺或者防治污染、防止生态破坏的措施发生重大变动的，建设单位应当重新报批建设项目的环境影响评价文件。

建设项目的环境影响评价文件自批准之日起超过五年，方决定该项目开工建设的，其环境影响评价文件应当报原审批部门重新审核。

建设项目的环境影响评价文件未依法经审批部门审查或者审查后未予批准的，建设单位不得开工建设。

建设项目建设过程中，建设单位应当同时实施环境影响报告书、环境影响报告表以及环境影响评价文件审批部门审批意见中提出的环境保护对策措施。

在项目建设、运行过程中产生不符合经审批的环境影响评价文件的情形的，建设单位应当组织环境影响的后评价，采取改进措施，并报原环境影响评价文件审批部门和建设项目审批部门备案。

（三）工作流程

1. 环境影响评价文件编制

环境影响评价文件编制分为 3 个阶段，具体工作流程如图 2-1 所示。

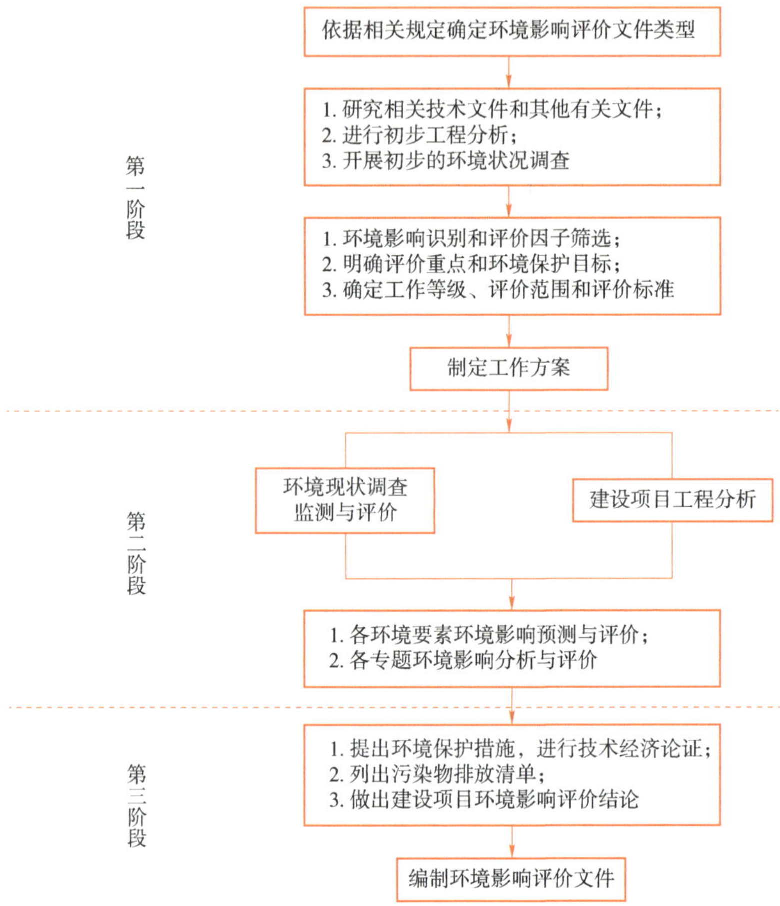

图 2-1　环境影响评价文件编制工作流程

第一阶段：收集和掌握项目立项文件、环保设计资料、原有项目的建设情况、环评批复与验收情况、污染物排放情况等；对项目所在地的环境现状、周边关系、环境敏感点分布情况及现有污染源进行现场勘察；根据项目特点确定评价因子、评价工作等级、评价范围和评价标准；制定工作方案。

第二阶段：依据第一阶段识别的评价因子、敏感目标等编制环境质量现状监测方案，委托持有 CMA 认证的检测机构依据相关管理规定和技术要求开展环境质量现状监测；同时根据《环境影响评价技术导则 总纲》的要求开展建设项目工程分析；按照《环境影响评价技术导则 大气环境》《环境影响评价技术导则 地表水环境》《环境影响评价技术导则 声环境》《环境影响评价技术导则 生态影响》《环境影响评价技术导则 地下水环境》《建设项目环境风险评价技术导则》《环境影响评价技术导则 土壤环境（试行）》等技术导则要求，对各环境要素进行影响预测与分析评价。

第三阶段：针对各环境要素影响预测与评价结果提出合理有效的环境保护措施；列出项目污染物排放清单和做出建设项目环境影响评价结论；形成完整的环境影响评价文件。

2. 公众参与

公众参与贯穿整个环境影响评价工作流程中。

对于环境影响报告书中的项目，在报告编写完成后、正式报批前，需在网络平台上对环境影响报告书进行全本公示。

对于环境影响报告书项目，项目报批前共有三次公示。建设单位应当在确定环境影响报告书编制单位后 7 个工作日内进行第一次公示，通过其网站、建设项目所在地公共媒体网站或者建设项目所在地相关政府网站公开相关信息，公示时间不得少于 10 个工作日。建设项目环境影响报告书征求意见稿形成后进行第二次公示（征求意见稿公示），通过网络平台、建设项目所在地公众易于接触的报纸、建设项目所在地公众易于知悉的场所张贴公告的方式公开，公示时间不少于 10 个工作日。环境影响报告书在编写完成后、正式报批前，需在网络平台公开拟报批的环境影响报告书全文和公众参与说明。

3. 环境影响评价文件报审与修改

环境影响报告书编制完成后进行项目申报，根据专家评审意见和审批部门审核意见进行文件修改。

4. 环境影响评价文件审批

建设单位按照国家相关规定向有审批权的生态环境主管部门上报环境影响评

价文件后，审批部门对上报文件进行审批。

三、建设项目竣工环境保护验收

（一）背景

依据《建设项目环境保护管理条例》（2017 年 7 月 16 日修订）的规定：编制环境影响报告书、环境影响报告表的建设项目竣工后，建设单位应当按照国务院环境保护行政主管部门规定的标准和程序，对配套建设的环境保护设施进行验收，编制验收报告。

目前，建设单位依据《建设项目竣工环境保护验收暂行办法》（国环规环评〔2017〕4 号）要求开展建设项目环境保护设施竣工验收。

（二）相关要求

（1）建设单位在环境保护设施验收过程中，应当如实查验、监测、记载建设项目环境保护设施的建设和调试情况，不得弄虚作假。

（2）除按照国家规定需要保密的情形外，建设单位应当依法向社会公开验收报告。

（3）分期建设、分期投入生产或者使用的建设项目，其相应的环境保护设施应当分期验收。

（4）编制环境影响报告书、环境影响报告表的建设项目，其配套建设的环境保护设施经验收合格，方可投入生产或者使用；未经验收或者验收不合格的，不得投入生产或者使用。

（5）建设项目竣工后，建设单位应当如实查验、监测、记载建设项目环境保护设施的建设和调试情况，编制验收监测（调查）报告。以排放污染物为主的建设项目，参照《建设项目竣工环境保护验收技术指南　污染影响类》编制验收监测报告；主要对生态造成影响的建设项目，按照《建设项目竣工环境保护验收技术规范　生态影响类》编制验收调查报告；火力发电、石油炼制、水利水电、核与辐射等已发布行业验收技术规范的建设项目，按照该行业验收技术规范编制验收监测报告或者验收调查报告。

（6）需要对建设项目配套建设的环境保护设施进行调试的，建设单位应当确保调试期间污染物排放符合国家和地方有关污染物排放标准和排污许可等相关管理规定。环境保护设施未与主体工程同时建成的，或者应当取得排污许可证但未取得的，建设单位不得对该建设项目环境保护设施进行调试。

（7）调试期间，建设单位应当对环境保护设施运行情况和建设项目对环境的影响进行监测。验收监测应当在确保主体工程调试工况稳定、环境保护设施运行正常的情况下进行，并如实记录监测时的实际工况。

（8）除按照国家规定需要保密的情形外，建设单位应当通过其网站或其他便于公众知晓的方式，向社会公开下列信息：

a）建设项目配套建设的环境保护设施竣工后，公开竣工日期；

b）对建设项目配套建设的环境保护设施进行调试前，公开调试的起止日期；

c）验收报告编制完成后 5 个工作日内，公开验收报告，公示的期限不得少于 20 个工作日；

d）建设单位公开上述信息的同时，应当向所在地县级以上环境保护主管部门报送相关信息，并接受监督检查。

（9）除需要取得排污许可证的水和大气污染防治设施外，其他环境保护设施的验收期限一般不超过 3 个月；需要对该类环境保护设施进行调试或者整改的，验收期限可以适当延期，但最长不超过 12 个月。

（三）工作流程

建设项目竣工环境保护验收监测工作流程如图 2-2 所示。

1. 建设项目竣工环境保护验收监测工作程序

建设项目竣工环境保护验收监测工作分为启动、自查、编制验收监测方案、实施监测与核查、编制验收监测报告 5 个阶段，具体工作内容如下。

收集项目立项核准文件、环境影响评价文件及其审批文件、环保设计资料、施工合同（环保部分）、施工监理报告文件（环保部分）（如有）、工程竣工资料等；结合现场踏勘了解工程概况和周边区域的环境特点，明确有关环境保护要求，制定验收工作方案。

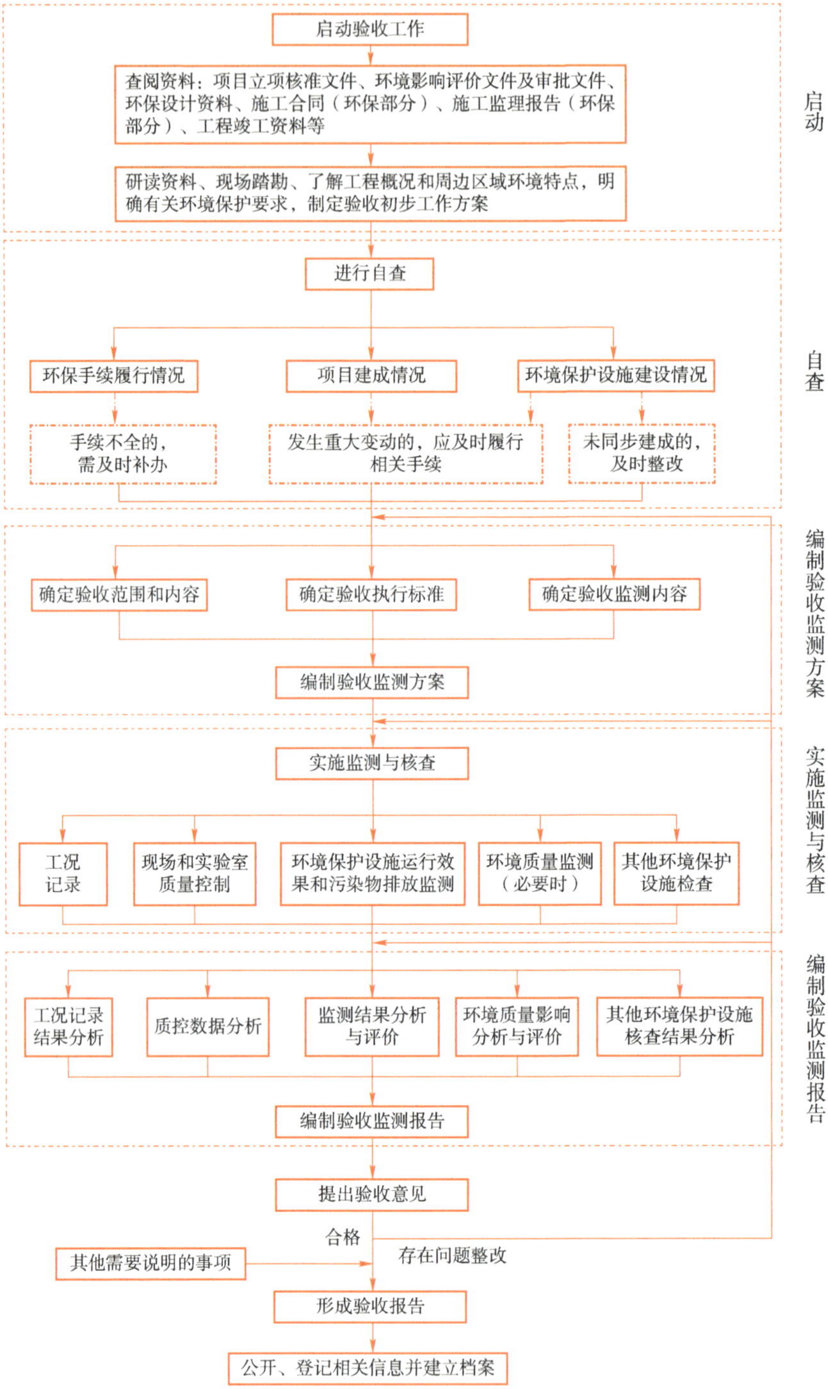

图 2-2　建设项目竣工环境保护验收监测工作流程

按照《关于印发建设项目竣工环境保护验收现场检查及审查要点的通知》（环办〔2015〕113号）、《关于印发〈污染影响类建设项目重大变动清单（试行）〉的通知》（环办环评函〔2020〕688号），对项目主体工程建设情况、配套环境保护措施实施情况等进行自查，对自查发现的问题制定整改方案并进行整改。

根据建设项目环境保护设施实际建设、调试、管理情况，编制验收监测方案，委托持有CMA认证的检测机构依据相关管理规定和技术要求开展验收监测。通过对监测数据和检查结果进行分析，对建设项目配套环境保护措施效果和污染物排放情况得出结论，编制完成建设项目竣工环境保护验收监测报告，包括验收监测报告、验收意见和其他需要说明的事项3项内容。

2. 组织竣工环境保护验收

建设单位组织成立由项目设计单位、施工单位、环境监理单位（如有）、环境影响报告书（表）编制机构、验收监测报告编制机构等技术支持单位和环境保护验收、行业、监测、质控等领域的技术专家组成的验收工作组。

验收工作组在勘查现场和对验收监测报告内容核查的基础上，组织召开验收会议，严格依照国家有关法律法规、建设项目竣工环境保护验收技术规范、建设项目环境影响报告书（表）及其审批部门的审批决定等要求对建设项目配套建设的环境保护设施进行验收，形成科学合理的验收意见。

3. 登记备案

按照相关法律法规要求完成环境保护验收的信息公示，向生态环境主管部门报备备案，并在政府指定平台进行登记。

4. 建立建设项目竣工环境保护验收档案

一套完整的建设项目竣工环境保护验收档案包括环境影响报告书（表）及其审批部门审批决定、初步设计（环保篇）或环保设计方案、施工合同（环保部分）、环境监测报告或施工监理报告（环保部分）（如有）、工程竣工资料（环保部分）、验收报告［含验收监测报告（表）、验收意见和其他需要说明的事项］、信息公开记录证明（需要保密的除外）。建设单位委托技术机构编制验收监测报告的，还可把委托合同、责任约定等委托涉及的关键材料存入档案。建设单位成立验收工作组协助开展验收工作的，还可把验收工作组单位及成员名单、技术专家专长介绍等材料存入档案。

四、典型案例

（一）南京市某公司环评文件弄虚作假案

2021 年 7 月 2 日，江苏省南京市生态环境局执法人员对南京市某公司（以下简称建设单位）现场检查时发现，该建设单位补办的《80 吨 / 天废水生化处理项目及 500 平方米危废仓库项目环境影响报告表》未如实反映污水处理站废气治理设施实际建设内容，引用的监测数据与原始监测报告中的数据不一致。

经查，该建设单位废水生化污水处理站及其废气治理设施于 2019 年 5 月建成投用。2021 年 4 月，该建设单位以 4 000 元价格委托环评文件编制单位编制《80 吨 / 天废水生化处理项目及 500 平方米危废仓库项目环境影响报告表》（补办环评手续），并于 2021 年 5 月 26 日取得环评批复。2020 年 8 月至 2021 年 1 月，该建设单位陆续将综合治理车间 8 个百草枯工艺废水储罐含有氨和非甲烷总烃的呼吸尾气接入污水处理站废气处理装置内进行处理，但补办环评手续编制的环评文件中未能如实反映该工艺改造过程，仍按照原有工艺编写。同时，环评文件编制过程中，该建设单位委托检测公司进行现状监测，原始监测报告显示废气处理装置出口非甲烷总烃第一次监测结果和均值监测结果分别为 39.1 mg/m^3 和 13.5 mg/m^3，而环评文件编制单位出具的环评文件引用的监测数据与原始监测结果不一致。

该建设单位和环评文件编制单位的上述行为违反了《中华人民共和国环境影响评价法》第十九条第二款的规定。根据《中华人民共和国环境影响评价法》第三十二条第一款规定，南京市生态环境局对该建设单位处以 50 万元罚款，并责令改正违法行为；对该建设单位法定代表人赵某某和项目主要负责人陈某某各处 5.2 万元罚款；对环评文件编制单位处以 1.2 万元罚款，并责令改正违法行为。根据失信记分办法对环评文件编制单位予以失信记分，环境影响评价信用平台已注销编制主持人段某某的诚信档案。

（二）乌兰察布市某实业公司竣工验收弄虚作假案

2023 年 7 月 14 日，乌兰察布市生态环境综合行政执法支队执法人员开展非现场执法检查时发现，乌兰察布市化德县某实业公司环境保护自主验收项目报告内容存在重大缺失，涉嫌自主验收弄虚作假。

执法人员随即对该公司进行现场核查并调阅了建设项目竣工环境保护自主验收报告等相关资料。经查发现，该公司 1 号、2 号矿热炉已于 2021 年 7 月 27 日完成自主验收，验收报告支撑材料中提供的危险废物处置单位无相应处理资质；建设项目竣工环境保护验收监测时未按照《钢铁烧结、球团工业大气污染物排放标准》（GB 28662—2012）的要求对氟化物和二噁英进行监测；噪声验收监测时只对厂界四周进行了监测，未按环保验收一览表中噪声验收对象逐一进行噪声验收监测。

某环境科技有限责任公司作为提供验收服务的第三方环保机构，在该实业公司未严格按照建设项目竣工环境保护设施验收有关法律法规及技术规范开展验收监测的情况下，仍出具了项目验收合格意见。

该实业公司的上述行为违反了《建设项目环境保护管理条例》第十七条第二款的规定。依据《建设项目环境保护管理条例》第二十三条和《内蒙古自治区生态环境系统行政处罚裁量基准规定（试行）》的相关规定，对该实业公司和相关责任人在建设项目竣工环境保护自主验收中弄虚作假的违法行为处以 76 万元罚款。

根据现行法律法规，建设项目竣工环境保护设施验收的责任主体是建设单位。在实际过程中，大部分企业将自主验收工作交由第三方环保机构负责，个别企业为了取得竣工验收手续，在未能达到验收标准或未按规定开展监测的情况下，要求第三方环保机构采取弄虚作假的方式通过验收，而第三方环保机构在利益的驱使下，帮助企业弄虚作假、蒙混过关。

本案给妄图以弄虚作假方式通过验收的企业敲响了警钟，督促有关企业切实履行生态环境保护主体责任，不能仅为了完成相关手续而对验收“走过场”。

第二节　排污许可管理

一、主要相关法律法规

（1）《中华人民共和国环境保护法》；

（2）《中华人民共和国水污染防治法》；

（3）《中华人民共和国大气污染防治法》；

（4）《中华人民共和国噪声污染防治法》；

（5）《中华人民共和国固体废物污染环境防治法》；

（6）《国务院办公厅关于印发控制污染物排放许可制实施方案的通知》（国办发〔2016〕81号）；

（7）《排污许可管理条例》；

（8）《排污许可管理办法》；

（9）《固定污染源排污许可分类管理名录（2019年版）》。

二、排污许可申请与审批

（一）排污许可申请

依照《排污许可管理条例》的规定，排污单位应当申请取得排污许可证；未取得排污许可证的，不得排放污染物。

根据排污单位污染物产生量、排放量、对环境的影响程度等因素，国家对排污单位进行分类管理。对污染物产生量、排放量或者对环境的影响程度较大的排污单位，实行排污许可重点管理；对污染物产生量、排放量和对环境的影响程度较小的排污单位，实行排污许可简化管理；对污染物产生量、排放量和对环境的影响程度很小的排污单位，实行排污登记管理。

同一排污单位在同一场所从事本名录中两个以上行业生产经营的，申请一张排污许可证。

排污单位有两个以上生产经营场所排放污染物的，应当按照生产经营场所分别申请取得排污许可证。

1. 排污许可证申请类型及申请时间

（1）首次申请。

新建排污单位须在新建项目取得环评批复后、发生实际排污行为前申请取得排污许可证。

（2）重新申请。

在排污许可证有效期内，排污单位有下列情形之一的，应当在发生实际排污行为前重新申请取得排污许可证：

a）新建、改建、扩建排放污染物的项目；

b）生产经营场所、污染物排放口位置或者污染物排放方式、排放去向发生变化；

c）污染物排放口数量或者污染物排放种类、排放量、排放浓度增加。

（3）变更申请。

排污单位变更名称、住所、法定代表人或者主要负责人，排污单位适用的污染物排放标准、重点污染物总量控制要求发生变化，须自变更之日起 30 日内，向审批部门申请办理排污许可证变更手续。

（4）延续申请。

排污许可证有效期届满，排污单位需要继续排放污染物的，应当于排污许可证有效期届满 60 日前向审批部门提出申请。

2. 排污许可证申请流程

（1）注册。

排污单位在全国排污许可证管理信息平台（http: //permit.mee.gov.cn）“网上申报”子系统录入基础信息、上传资料，注册申报账号。

（2）填报申请表。

排污单位在全国排污许可证管理信息平台填报《排污许可证申请表》，填报的内容包括排污单位基本信息、污染物排放种类、排放浓度和排放量、执行的污染物排放标准和重点污染物排放总量控制指标、污染防治设施、污染物排放口位置和数量，污染物排放方式、排放去向、自行监测方案、环境管理台账等信息。

（3）申请前信息公开（适用于排污许可重点管理单位）。

属于实行排污许可重点管理的排污单位需在《排污许可证申请表》填写完成后、申请排污许可证前，通过全国排污许可证管理信息平台填写《排污许可证申领信息公开情况说明表》，在平台上进行排污许可信息公开，公开时间为5个工作日。

（4）提交审核及修改。

企业按照平台业务办理流程，将相关申请材料一并提交核发环保部门进行审核。根据核发环保部门的审核意见，企业修改排污许可申请材料。修改完成后，企业向核发环保部门提交通过全国排污许可证管理信息平台印制的书面申请材料。

（5）领取排污许可证。

核发环保部门收到排污单位提交的申请材料后，对材料的完整性、规范性进行审查，并在全国排污许可证管理信息平台上作出受理或者不予受理排污许可证申请的决定。同意受理的进入审核流程，核发环保部门对排污单位的申请材料进行审核，对满足条件的排污单位核发排污许可证，对不满足条件的排污单位不予核发排污许可证。

排污许可证的有效期为5年。排污许可证有效期届满，排污单位需要继续排放污染物的，应当于排污许可证有效期届满60日前向审批部门提出申请。审批部门应当自受理申请之日起20日内完成审查；对符合条件的予以延续，对不符合条件的不予延续并书面说明理由。

排污许可证申请流程如图2-3所示。

3. 排污许可证注销

有下述3种情形之一的，核发环保部门应当依法办理排污许可证的注销手续，并在全国排污许可证管理信息平台上公告：

（1）排污许可证有效期届满未延续的；

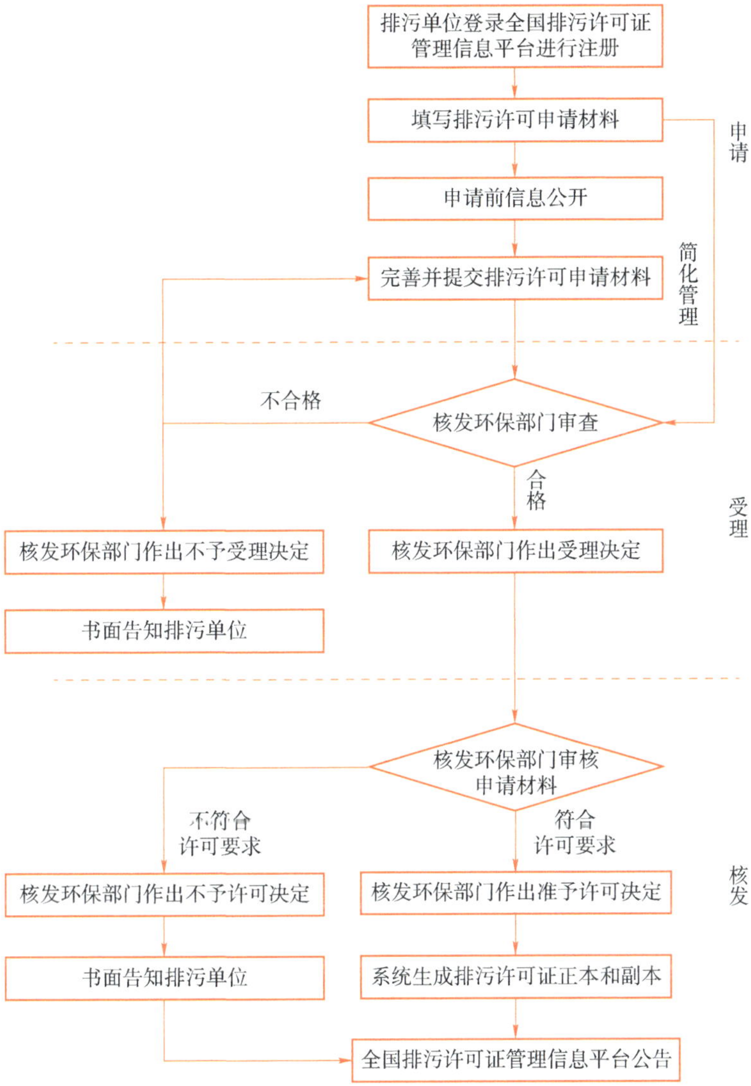

图 2-3 排污许可证申请流程

（2）排污单位依法终止的；

（3）排污许可证依法被撤销、吊销的；

（4）应当注销的其他情形。

（二）排污口规范化建设

排污口规范化建设有助于确保排污单位的排放行为严格遵守法律法规，强化企业的环保意识和责任，提升环境监管的效率和效果，提高排污信息的公开透明度，优化污染源的管理。

排污单位应当按照生态环境主管部门的规定建设规范化污染物排放口，并设置标识牌。污染物排放口位置和数量、污染物排放方式和排放去向应当与排污许可证的规定相符。

排污口规范化包括规范化的采样口、采样平台和标识牌。具体根据《关于开展排放口规范化整治工作的通知》（环发〔1999〕24 号）、《固定源废气监测技术规范》（HJ/T 397—2007）要求进行设置。部分地区发布了地方标准，对采样口设置和采样平台的尺寸等均有具体的规范要求，需要按照地方标准要求进行设置。在采样口位置满足标准要求的前提下，如果在地面或者建筑物顶上可以进行采样，则不需要设置采样平台。

废气排气筒采样位置应优先选择在垂直管段，应避开烟道弯头和断面急剧变化的部位。采样位置应设置在距弯头、阀门、变径管下游方向不小于 6 倍直径处和距上述部件上游方向不小于 3 倍直径处。对矩形烟道，其当量直径为 $D=2AB/(A+B)$，式中 A、B 为边长。采样断面的气流速度最好在 5 m/s 以上。

测试现场空间位置有限，很难满足上述要求时，可选择比较适宜的管段采样，但采样断面与弯头的距离至少是烟道直径的 1.5 倍，并应适当增加测点的数量和采样频次。对于气态污染物，由于混合比较均匀，其采样位置可不受上述规定限制，但应避开涡流区。

必要时应设置采样平台，采样平台应有足够的工作面积使工作人员安全、方便地操作。平台面积应不小于 1.5 m^2，并设有 1.1 m 高的护栏和不低于 10 cm 的脚部挡板，采样平台的承重应不小于 200 kg/m^2，采样孔距平台面 1.2～1.3 m。

（三）自行监测方案编制

排污许可自行监测是指排污单位根据国家相关法律法规和标准，自行对其排放的污染物进行监测的活动。自行监测的目的是确保排污单位能够准确掌握其污染物排放情况，及时发现和解决超标排放问题，保障环境安全和公众健康。同时，自行监测也是排污单位履行环境责任、提高环境管理水平的重要手段。我国相关法律法规中明确要求排污单位对自身排污状况开展监测，排污单位开展排污状况自行监测是法定的责任和义务。根据《排污许可管理办法》第十九条的规定，排污单位在申请排污许可证时，应当按照自行监测技术指南，编制自行监测方案。

自行监测方案内容包括监测点位及示意图、监测指标、监测频次，使用的监测分析方法，质量保证与质量控制要求，监测数据记录、整理、存档要求，监测数据信息公开要求。

新建排污单位应当在投入生产或使用并产生实际排污行为之前完成自行监测方案的编制及相关准备工作。

（四）排污许可证审批

审批部门收到排污单位提交的申请材料后，可以组织技术机构对排污许可证的申请材料进行技术评估，并承担相应费用。对具备下列条件的排污单位，颁发排污许可证：

（1）依法取得建设项目环境影响报告书（表）批准文件，或者已经办理环境影响登记表备案手续；

（2）污染物排放符合污染物排放标准要求，重点污染物排放符合排污许可证申请与核发技术规范、环境影响报告书（表）批准文件、重点污染物排放总量控制要求，其中，排污单位生产经营场所位于未达到国家环境质量标准的重点区域、流域的，还应当符合有关地方人民政府关于改善生态环境质量的特别要求；

（3）采用的污染防治设施可以达到许可排放浓度要求或者符合污染防治可行技术；

（4）自行监测方案的监测点位、监测指标、监测频次等符合国家自行监测规范。

审批部门应当在法定审批期限内作出审批决定，对符合条件的颁发排污许可证；对不符合条件的应当出具不予许可决定书，书面告知排污单位不予许可的理由，以及依法申请行政复议或者提起行政诉讼的权利。

排污单位提出延续排污许可证时，应当按照规定提交延续申请表。审批部门作出延续排污许可证决定的，延续后的排污许可证有效期自原排污许可证有效期届满的次日起计算；审批部门依法在原排污许可证有效期届满之后作出延续排污许可证决定的，延续后的排污许可证有效期自作出延续决定之日起计算；审批部门依法在原排污许可证有效期届满之前作出延续排污许可证决定的，延续后的排污许可证有效期自原排污许可证有效期届满的次日起计算。重新申请的排污许可证有效期自审批部门作出重新申请审批决定之日起计算。

三、排污许可事后管理

（一）自行监测管理

1. 开展自行监测

排污单位应当按照排污许可证规定和有关标准规范，依法开展自行监测，并保存原始监测记录，原始监测记录保存期限不得少于 5 年。

排污单位应当对自行监测数据的真实性、准确性负责，不得篡改、伪造。

排污单位应按照最新的监测方案开展监测活动，可根据自身条件和能力，利用自有人员、场所和设备自行监测，也可委托其他有资质的检（监）测机构代其开展自行监测。

2. 做好监测质量保证与质量控制

排污单位应建立自行监测质量管理制度，按照相关技术规范要求做好监测质量保证与质量控制。

3. 记录和保存监测数据

排污单位应做好与监测相关的数据记录，按照规定进行保存。

4. 依法开展信息公开

持证的排污单位应按照排污许可证要求，规范开展自行监测，于监测工作完成后 5 个工作日内，在全国排污许可证管理信息平台上如实公开监测结果。

（二）自动监测管理

实行排污许可重点管理的排污单位，应当依法安装、使用、维护污染物排放自动监测设备，并与生态环境主管部门的监控设备联网。

安装、运行污染物自动监测设备的排污单位，应严格按照《水污染源在线监测系统（COD_{Cr}、NH_3-N 等）安装技术规范》（HJ 353—2019）、《水污染源在线监测系统（COD_{Cr}、NH_3-N 等）验收技术规范》（HJ 354—2019）、《水污染源在线监测系统（COD_{Cr}、NH_3-N 等）运行技术规范》（HJ 355—2019）、《水污染源在线监测系统（COD_{Cr}、NH_3-N 等）数据有效性判别技术规范》（HJ 356—2019）、《固定污染源烟气（SO_2、NO_x、颗粒物）排放连续监测技术规范》（HJ 75—2017）、《固定污染源烟气（SO_2、NO_x、颗粒物）排放连续监测系统技术要求及检测方法》（HJ 76—2017）、《固定污染源废气非甲烷总烃连续监测系统技术要求及检测方法》（HJ 1013—2018）、《固定污染源废气　非甲烷总烃连续监测技术规范》（HJ 1286—2023）等规范开展自动监测设备管理。

废水排放量大于 100 t/d 的，应安装自动测流设施并开展流量自动监测。

排污单位发现污染物排放自动监测设备传输数据异常的，应当及时报告生态环境主管部门，并进行检查、修复。

生态环境主管部门发现自动监测设备比对不合格，经核实未按相关标准规范运维的，应认定为“未保证大气或水污染物排放自动监测设备正常运行”。

排污单位虚假标记或谎报自动监测设备异常、生产或治理设施工况异常，导致传输至生态环境主管部门的自动监测数据不能反映实际排放情况的，应认定为“以逃避监管方式排放污染物”。

（三）环境管理台账记录

排污单位应建立环境管理台账记录制度，按照排污许可证规定的格式、内容和频次，如实记录主要生产设施、污染防治设施运行情况以及污染物排放浓度、排放量。环境管理台账记录分为电子台账和纸质台账，保存期限不得少于 5 年。

排污单位发现污染物排放超过污染物排放标准等异常情况时，应当立即采取措施消除或减轻危害后果，如实进行环境管理台账记录，并报告生态环境主管部门，说明原因。超过污染物排放标准等异常情况下的污染物排放计入排污单位的污染物排放量。

排污单位应建立环境管理台账记录制度，指定环境管理台账记录的责任单位和责任人，明确工作职责，并对环境管理台账的真实性、完整性和规范性负责。一般按日或按批次进行记录，异常情况应按次记录。

实施简化管理的排污单位，其环境管理台账内容可适当缩减，至少记录污染防治设施运行管理信息和监测记录信息，记录频次可适当降低。

（四）排污许可证执行报告编制

排污单位取得排污许可证后，应当按照排污许可证规定的内容、频次和时间要求，向审批部门提交排污许可证执行报告，如实报告污染物排放行为、排放浓度、排放量等。

排污许可证执行报告按报告周期分为年度执行报告、季度执行报告和月度执行报告。其中，排污许可重点管理企业需提交排污许可证月度执行报告、季度执行报告及年度执行报告；排污许可简化管理企业需提交排污许可证季度执行报告及年度执行报告；排污许可登记管理企业无须提交排污许可证执行报告。

实行重点管理的排污单位，年度执行报告内容应包括排污单位基本情况，污染防治设施运行情况，自行监测执行情况，环境管理台账记录执行情况，实际排放情况及合规判定分析，信息公开情况，排污单位内部环境管理体系建设与运行情况，其他排污许可证规定的内容执行情况，其他需要说明的问题、结论、附图附件等。对于排污单位信息有变化和违证排污等情形，应分析与排污许可证内容的差异，并说明原因。季度 / 月度执行报告内容至少包括污染物实际排放浓度和排放量，合规判定分析，超标排放或污染防治设施异常情况说明等内容。其中，季度执行报告内容还应包括各月度生产小时数、主要产品及其产量、主要原料及其消耗量、新水用量及废水排放量、主要污染物排放量等信息。

实行简化管理的排污单位，年度执行报告内容至少包括排污单位基本情况，污染防治设施运行情况，自行监测执行情况，环境管理台账执行情况，实际排放情况及合规判定分析、结论等；季度执行报告内容至少包括污染物实际排放浓度和排放量，合规判定分析，超标排放或污染防治设施异常情况说明等内容。

排污单位按照排污许可证规定的时间提交执行报告，应每年提交一次排污许可证年度执行报告；同时，还应依据法律法规、标准等文件的要求，提交季度执行报告或月度执行报告。排污许可执行报告提交时间如下。

1. 年度执行报告

对于持证时间超过三个月的年度，报告周期为当年全年（自然年）；对于持证时间不足三个月的年度，当年可不提交年度执行报告，排污许可证执行情况纳入下一年度执行报告。

2. 季度执行报告

对于持证时间超过一个月的季度，报告周期为当季全季（自然季度）；对于持证时间不足一个月的季度，该报告周期内可不提交季度执行报告，排污许可证执行情况纳入下一季度执行报告。

3. 月度执行报告

对于持证时间超过十日的月份，报告周期为当月全月（自然月）；对于持证时间不足十日的月份，该报告周期内可不提交月度执行报告，排污许可证执行情况纳入下一月度执行报告。

（五）污染物排放信息公开

排污单位应当按照排污许可证规定，如实在全国排污许可证管理信息平台上公开污染物排放信息。

污染物排放信息应当包括污染物排放种类、排放浓度和排放量，以及污染防治设施的建设运行情况、排污许可证执行报告、自行监测数据等；其中，水污染物排入市政排水管网的，还应当包括污水接入市政排水管网位置、排放方式等信息。

四、典型案例

（一）江苏省南通市某公司擅自改变管理类别无证排污案

2022 年 4 月，江苏省南通市通州生态环境局根据群众举报线索进行现场检查，发现南通市某公司正在从事铝合金锥管及不锈钢饮用水管生产，其中，铝合金锥管氧化工序属于《固定污染源排污许可分类管理名录（2019 年版）》中的“除重点管理以外的有酸洗、抛光（电解抛光和化学抛光）、热浸镀（溶剂法）、淬火或者无铬钝化等工序的、年使用 10 吨及以上有机溶剂的”类别，应当申领排污许可证。但该公司仅在全国排污许可证管理信息平台上进行了排污许可登记，未按照规定向生态环境主管部门申领排污许可证。

该公司的上述行为违反了《排污许可管理条例》第二条第一款及《中华人民

共和国环境保护法》第四十五条的规定，南通市通州生态环境局根据《排污许可管理条例》第三十三条第（一）项的规定，责令该公司改正违法行为，处以45.6万元罚款。2022年5月9日，该公司重新申请取得了排污许可证。

（二）浙江省台州市某公司未依法重新申请取得排污许可证案

2022年5月，浙江省台州市生态环境局椒江分局对近年来审批项目“三同时”验收情况进行复核时，发现台州市某公司于2021年10月取得迁建项目环评审批。执法人员通过全国排污许可证管理信息平台查询该项目排污许可证申领情况时，未查到相关信息。根据前期复核情况，2022年5月26日，执法人员开展现场执法检查，确认该公司生产经营场所从台州湾新区搬迁至椒江区，生产经营场所发生变化后未重新申请取得排污许可证。

该公司的上述行为违反了《排污许可管理条例》第十五条第（二）项的规定，台州市生态环境局根据《排污许可管理条例》第三十三条第（四）项的规定，责令该公司改正违法行为，处以22.8万元罚款。2022年9月8日，该公司重新申请取得了排污许可证。

第三节　废气污染防治

一、主要相关法律法规

（1）《中华人民共和国环境保护法》；

（2）《中华人民共和国大气污染防治法》；

（3）《关于印发〈“十三五”挥发性有机物污染防治工作方案〉的通知》（环大气〔2017〕121号）；

（4）《关于印发〈2020年挥发性有机物治理攻坚方案〉的通知》（环大气〔2020〕33号）；

（5）《关于进一步提高认识　规范程序　扎实做好重污染天气重点行业绩效

分级有关工作的通知》（环办大气函〔2020〕510 号）；

（6）《关于加快解决当前挥发性有机物治理突出问题的通知》（环大气〔2021〕65 号）；

（7）《关于印发〈深入打好重污染天气消除、臭氧污染防治和柴油货车污染治理攻坚战行动方案〉的通知》（环大气〔2022〕68 号）；

（8）《国务院关于印发〈空气质量持续改善行动计划〉的通知》（国发〔2023〕24 号）；

（9）《关于印发〈全面实施燃煤电厂超低排放和节能改造工作方案〉的通知》（环发〔2015〕164 号）；

（10）《关于推进实施钢铁行业超低排放的意见》（环大气〔2019〕35 号）；

（11）《关于印发〈关于推进实施水泥行业超低排放的意见〉〈关于推进实施焦化行业超低排放的意见〉的通知》（环大气〔2024〕5 号）。

二、废气污染物防治要求

《中华人民共和国大气污染防治法》第十八条规定：企业事业单位和其他生产经营者建设对大气环境有影响的项目，应当依法进行环境影响评价、公开环境影响评价文件；向大气排放污染物的，应当符合大气污染物排放标准，遵守重点大气污染物排放总量控制要求。

《中华人民共和国大气污染防治法》第二十条规定：企业事业单位和其他生产经营者向大气排放污染物的，应当依照法律法规和国务院生态环境主管部门的规定设置大气污染物排放口。

禁止通过偷排、篡改或者伪造监测数据、以逃避现场检查为目的的临时停产、非紧急情况下开启应急排放通道、不正常运行大气污染防治设施等逃避监管的方式排放大气污染物。

《中华人民共和国大气污染防治法》第二十一条规定：国家对重点大气污染物排放实行总量控制。

重点大气污染物排放总量控制目标，由国务院生态环境主管部门在征求国务院有关部门和各省、自治区、直辖市人民政府意见后，会同国务院经济综合主管部门报国务院批准并下达实施。

省、自治区、直辖市人民政府应当按照国务院下达的总量控制目标，控制或者削减本行政区域的重点大气污染物排放总量。

确定总量控制目标和分解总量控制指标的具体办法，由国务院生态环境主管部门会同国务院有关部门规定。省、自治区、直辖市人民政府可以根据本行政区域大气污染防治的需要，对国家重点大气污染物之外的其他大气污染物排放实行总量控制。

《中华人民共和国大气污染防治法》第二十四条规定：企业事业单位和其他生产经营者应当按照国家有关规定和监测规范，对其排放的工业废气和本法第七十八条规定名录中所列有毒有害大气污染物进行监测，并保存原始监测记录。其中，重点排污单位应当安装、使用大气污染物排放自动监测设备，与生态环境主管部门的监控设备联网，保证监测设备正常运行并依法公开排放信息。监测的具体办法和重点排污单位的条件由国务院生态环境主管部门规定。

《中华人民共和国大气污染防治法》第二十五条规定：重点排污单位应当对自动监测数据的真实性和准确性负责。生态环境主管部门发现重点排污单位的大气污染物排放自动监测设备传输数据异常，应当及时进行调查。

《中华人民共和国大气污染防治法》第二十六条规定：禁止侵占、损毁或者擅自移动、改变大气环境质量监测设施和大气污染物排放自动监测设备。

《中华人民共和国大气污染防治法》第四十三条规定：钢铁、建材、有色金属、石油、化工等企业生产过程中排放粉尘、硫化物和氮氧化物的，应当采用清洁生产工艺，配套建设除尘、脱硫、脱硝等装置，或者采取技术改造等其他控制大气污染物排放的措施。

《中华人民共和国大气污染防治法》第四十五条规定：产生含挥发性有机物废气的生产和服务活动，应当在密闭空间或者设备中进行，并按照规定安装、使用污染防治设施；无法密闭的，应当采取措施减少废气排放。

《中华人民共和国大气污染防治法》第四十六条规定：工业涂装企业应当使用低挥发性有机物含量的涂料，并建立台账，记录生产原料、辅料的使用量、废弃量、去向以及挥发性有机物含量。台账保存期限不得少于三年。

《中华人民共和国大气污染防治法》第四十七条规定：石油、化工以及其他生产和使用有机溶剂的企业，应当采取措施对管道、设备进行日常维护、维修，减少物料泄漏，对泄漏的物料应当及时收集处理。

储油储气库、加油加气站、原油成品油码头、原油成品油运输船舶和油罐车、气罐车等，应当按照国家有关规定安装油气回收装置并保持正常使用。

《中华人民共和国大气污染防治法》第四十八条规定：钢铁、建材、有色金属、石油、化工、制药、矿产开采等企业，应当加强精细化管理，采取集中收集处理等措施，严格控制粉尘和气态污染物的排放。

工业生产企业应当采取密闭、围挡、遮盖、清扫、洒水等措施，减少内部物料的堆存、传输、装卸等环节产生的粉尘和气态污染物的排放。

《中华人民共和国大气污染防治法》第四十九条规定：工业生产、垃圾填埋或者其他活动产生的可燃性气体应当回收利用，不具备回收利用条件的，应当进行污染防治处理。

可燃性气体回收利用装置不能正常作业的，应当及时修复或者更新。在回收利用装置不能正常作业期间确需排放可燃性气体的，应当将排放的可燃性气体充分燃烧或者采取其他控制大气污染物排放的措施，并向当地生态环境主管部门报告，按照要求限期修复或者更新。

《中华人民共和国大气污染防治法》第六十九条规定：建设单位应当将防治扬尘污染的费用列入工程造价，并在施工承包合同中明确施工单位扬尘污染防治责任。施工单位应当制定具体的施工扬尘污染防治实施方案。

从事房屋建筑、市政基础设施建设、河道整治以及建筑物拆除等施工单位，应当向负责监督管理扬尘污染防治的主管部门备案。

施工单位应当在施工工地设置硬质围挡，并采取覆盖、分段作业、择时施工、洒水抑尘、冲洗地面和车辆等有效防尘降尘措施。建筑土方、工程渣土、建筑垃圾应当及时清运；在场地内堆存的，应当采用密闭式防尘网遮盖。工程渣土、建筑垃圾应当进行资源化处理。

施工单位应当在施工工地公示扬尘污染防治措施、负责人、扬尘监督管理主管部门等信息。

暂时不能开工的建设用地，建设单位应当对裸露地面进行覆盖；超过三个月的，应当进行绿化、铺装或者遮盖。

《中华人民共和国大气污染防治法》第七十条规定：运输煤炭、垃圾、渣土、砂石、土方、灰浆等散装、流体物料的车辆应当采取密闭或者其他措施防止物料遗撒造成扬尘污染，并按照规定路线行驶。

装卸物料应当采取密闭或者喷淋等方式防治扬尘污染。

《中华人民共和国大气污染防治法》第七十二条规定：贮存煤炭、煤矸石、煤渣、煤灰、水泥、石灰、石膏、砂土等易产生扬尘的物料应当密闭；不能密闭的，应当设置不低于堆放物高度的严密围挡，并采取有效覆盖措施防治扬尘污染。

码头、矿山、填埋场和消纳场应当实施分区作业，并采取有效措施防治扬尘污染。

《中华人民共和国大气污染防治法》第七十九条规定：向大气排放持久性有机污染物的企业事业单位和其他生产经营者以及废弃物焚烧设施的运营单位，应当按照国家有关规定，采取有利于减少持久性有机污染物排放的技术方法和工艺，配备有效的净化装置，实现达标排放。

《中华人民共和国大气污染防治法》第八十条规定：企业事业单位和其他生产经营者在生产经营活动中产生恶臭气体的，应当科学选址，设置合理的防护距离，并安装净化装置或者采取其他措施，防止排放恶臭气体。

《中华人民共和国大气污染防治法》第八十一条规定：排放油烟的餐饮服务业经营者应当安装油烟净化设施并保持正常使用，或者采取其他油烟净化措施，使油烟达标排放，并防止对附近居民的正常生活环境造成污染。

禁止在居民住宅楼、未配套设立专用烟道的商住综合楼以及商住综合楼内与居住层相邻的商业楼层内新建、改建、扩建产生油烟、异味、废气的餐饮服务项目。

任何单位和个人不得在当地人民政府禁止的区域内露天烧烤食品或者为露天烧烤食品提供场地。

《中华人民共和国大气污染防治法》第八十四条规定：从事服装干洗和机动

车维修等服务活动的经营者，应当按照国家有关标准或者要求设置异味和废气处理装置等污染防治设施并保持正常使用，防止影响周边环境。

三、废气污染防治要求

1. 总体要求

大气污染治理工程应遵循综合治理、循环利用、达标排放和总量控制的原则。

大气污染治理工程应采取各种有效措施，控制污染源有组织排放，减少污染气体的处理量。

大气污染治理过程中应减少二次污染。对产生的二次污染，应执行国家和地方环境保护法规和标准的有关规定，进行治理后达标排放，满足总量控制要求。二次污染的治理方案宜与企业生产中的相关处理工艺相结合，充分利用企业已有资源。

运输、装卸和贮存有毒有害气体或粉尘物质，应采取密闭措施或其他防护措施。在城市市区进行建设施工的工程，应按照当地环境保护的规定，采取防治扬尘、防噪声污染的措施，对施工产生的废水、垃圾等进行处理处置。

大气污染控制工程的总图布置应符合《建设项目环境保护设计规定》。净化系统、主体设备和辅助设施等的总图布置应符合 GBZ1、GB 50016、GB 50187、GB 4387、YBJ 52、YSJ 001 和 JBJ 79 等国家及行业相关的防火、安全、卫生、交通运输和环保设计规范、规定和规程的要求。

大气污染治理工程应按照《污染源自动监控管理办法》的规定安装大气污染物排放连续监测装置，并与生态环境主管部门监控中心联网。连续监测装置应符合 HJ 76 的规定，运行和维护应符合 HJ 75 的规定，排放监测的样品采集方法应符合 GB/T 16157 的规定。

大气污染治理工程的控制水平应与生产工艺相适应。生产企业应把大气污染治理设施作为生产系统的一部分进行管理。

2. 污染气体的收集和输送

（1）污染气体的收集。

对产生逸散粉尘或有害气体的设备，宜采取密闭、隔离和负压操作措施。在确定密闭罩的吸气口位置、结构和风速后，应使罩口呈微负压状态，罩内负压均匀，防止粉尘或有害气体外逸，并避免物料被抽走。

污染气体应尽可能利用生产设备本身的集气系统进行收集，逸散的污染气体采用集气（尘）罩收集。配置的集气（尘）罩应与生产工艺协调一致，尽量不影响工艺操作。在保证功能的前提下，集气（尘）罩应力求结构简单，造价低廉，便于安装和维护管理。

当不能或不便采用密闭罩时，可根据工艺操作要求和技术经济条件选择适宜的其他敞开式集气（尘）罩。集气（尘）罩应尽可能包围或靠近污染源，将污染物限制在较小空间内，减小吸气范围，便于捕集和控制污染物。

集气（尘）罩的吸气方向应尽可能与污染气流运动方向一致，利用污染气流的动能，避免或减弱集气（尘）罩周围紊流、横向气流等对抽吸气气流的干扰与影响。

（2）污染气体的输送。

集气（尘）罩收集的污染气体应通过管道输送至净化装置。管道布置应结合生产工艺，力求简单、紧凑、管线短、占地空间少。

管道布置宜明装，并沿墙或柱集中成行或列，平行敷设。管道与梁、柱、墙、设备及管道之间应按相关规范设计间隔距离，满足施工、运行、检修和热胀冷缩的要求。

管道宜垂直或倾斜敷设。倾斜敷设时，与水平面的倾角应大于45°，管道敷设应便于放气、放水、疏水和防止积灰。

管道材料应根据输送介质的温度和性质确定，所选材料的类型和规格应符合相关设计规范和产品技术要求。

管道系统宜设计成负压，如必须正压时，其正压段不宜穿过房间室内，必须穿过房间时应采取措施防止介质泄漏事故发生。

含尘气体管道的气流应有足够的流速防止积尘，其流速应符合GB 50019的规定。对易产生积尘的管道，应设置清灰孔或采取清灰措施。

输送含尘浓度高、粉尘磨琢性强的含尘气体时，除尘管道中易受冲刷部位应采取防磨措施，可加厚管壁或采用碳化硅、陶瓷复合管等管材。

输送含湿度较大、易结露的污染气体时，管道必须采取保温措施，必要时宜增设加热装置。

输送高温气体的管道，应采取热补偿措施。

输送易燃易爆污染气体的管道，应采取防止静电的接地措施，且相邻管道法兰间应跨接接地导线。

输送污染气体的管道应设置测试孔和必要的操作平台。

（3）污染气体的排放。

污染气体通过净化设备处理达标后由排气筒排入大气。

排气筒的高度应按 GB 16297 和行业、地方排放标准的规定计算出的排放速率确定，排气筒的最低高度应同时符合环境影响报告批复文件要求。

排气筒结构应符合 GB 50051 的规定。

排气筒的出口直径应根据出口流速确定，流速宜取 15 m/s 左右。当采用钢管烟囱且高度较高时或烟气量较大时，可适当提高出口流速至 20～25 m/s。

应当根据批准的环境影响评价文件的要求在排气筒上建设、安装自动监控设备及其配套设施或预留连续监测装置安装位置。排气筒或烟道应按 GB/T 16157 设置永久性采样孔，必要时设置测试平台。

排放有腐蚀性的气体时，排气筒应采用防腐设计。

四、典型案例

（一）浙江某泡塑材料厂超标排放大气污染物案

2020 年 6 月 24 日，浙江省杭州市生态环境局桐庐分局利用高清“高空瞭望”系统远程巡检发现，位于江南镇黄山村的高空瞭望点可视范围内一个烟囱排放的烟气拖尾现象较明显，颜色偏黄，疑似超标排放大气污染物。桐庐县生态环境保护综合行政执法队执法人员接到线索后，立即对该点位附近进行现场核实，确认该烟气为某泡塑材料厂生物质蒸汽锅炉排放的烟气。执法人员和随行监测人员进入厂区检查，并对该企业锅炉经处理后的烟气进行现场监测。监测结果显示，该烟气中颗粒物超标 1.1 倍，氮氧化物超标 0.3 倍。经进一步调查，该企业锅炉使用年限较长，日常运维不足，除尘效果下降，导致超标排放大气污染物。

该企业超标排放大气污染物的行为违反了《中华人民共和国大气污染防治法》第十八条的规定。杭州市生态环境局桐庐分局根据《中华人民共和国大气污染防治法》第九十九条第（二）项及《杭州市环境违法行为行政处罚量罚办法》的规定，责令该企业改正违法行为，并处13.3万元罚款。

（二）福建某公司以逃避监管的方式排放大气污染物环境违法案

2020年4月15日，福建省泉州市生态云污染源监控管理系统显示，南安市某公司大气污染物排放数据偏高，泉州市环境监察支队立即组织执法人员赴现场检查。执法人员在现场检查时发现，该公司1号、2号压砖机均正在生产，两台压砖机共用一个袋式除尘设施，1号压砖机与袋式除尘设施的粉尘收集管道未连接，2号压砖机与袋式除尘设施的粉尘收集管道已连接，但袋式除尘设施未开启，袋式除尘设施PRG程序菜单显示该设施处于停止运行状态，控制仪表盘未显示数值，压砖机粉尘未按备案批复要求进行收集处理而直接排放。

该公司的上述行为违反了《中华人民共和国大气污染防治法》第二十条第二款的规定，泉州市生态环境局根据《中华人民共和国大气污染防治法》第九十九条第（三）项、《〈中华人民共和国大气污染防治法〉行政处罚裁量基准（试行）》第4类第2点D项的规定对当事人进行处罚，罚款20万元，责令改正违法行为。鉴于该公司存在以逃避监管的方式排放大气污染物的环境违法行为，泉州市生态环境局根据《中华人民共和国环境保护法》第六十三条第（三）项、《行政主管部门移送适用行政拘留环境违法案件暂行办法》的规定，将案件移送南安市公安局侦办。

第四节　废水污染防治

一、主要相关法律法规

（1）《中华人民共和国环境保护法》；

（2）《中华人民共和国水污染防治法》;

（3）《地下水管理条例》（中华人民共和国国务院令 第748号）;

（4）《国家发展改革委关于印发“十四五”重点流域水环境综合治理规划的通知》（发改地区〔2021〕1933号）;

（5）《关于印发2022年〈国家先进污染防治技术目录（水污染防治领域）〉的通知》（环办科财函〔2022〕500号）。

二、废水污染物防治要求

《中华人民共和国水污染防治法》第十条规定：排放水污染物，不得超过国家或者地方规定的水污染物排放标准和重点水污染物排放总量控制指标。

《中华人民共和国水污染防治法》第十九条规定：新建、改建、扩建直接或者间接向水体排放污染物的建设项目和其他水上设施，应当依法进行环境影响评价。

建设单位在江河、湖泊新建、改建、扩建排污口的，应当取得水行政主管部门或者流域管理机构同意；涉及通航、渔业水域的，环境保护主管部门在审批环境影响评价文件时，应当征求交通、渔业主管部门的意见。

建设项目的水污染防治设施，应当与主体工程同时设计、同时施工、同时投入使用。水污染防治设施应当符合经批准或者备案的环境影响评价文件的要求。

《中华人民共和国水污染防治法》第二十条规定：国家对重点水污染物排放实施总量控制制度。

重点水污染物排放总量控制指标，由国务院环境保护主管部门在征求国务院有关部门和各省、自治区、直辖市人民政府意见后，会同国务院经济综合宏观调控部门报国务院批准并下达实施。

省、自治区、直辖市人民政府应当按照国务院的规定削减和控制本行政区域的重点水污染物排放总量。具体办法由国务院环境保护主管部门会同国务院有关部门规定。

省、自治区、直辖市人民政府可以根据本行政区域水环境质量状况和水污染防治工作的需要，对国家重点水污染物之外的其他水污染物排放实行总量控制。

对超过重点水污染物排放总量控制指标或者未完成水环境质量改善目标的地区，省级以上人民政府环境保护主管部门应当会同有关部门约谈该地区人民政府的主要负责人，并暂停审批新增重点水污染物排放总量的建设项目的环境影响评价文件。约谈情况应当向社会公开。

《中华人民共和国水污染防治法》第二十一条规定：直接或者间接向水体排放工业废水和医疗污水以及其他按照规定应当取得排污许可证方可排放的废水、污水的企业事业单位和其他生产经营者，应当取得排污许可证；城镇污水集中处理设施的运营单位，也应当取得排污许可证。排污许可证应当明确排放水污染物的种类、浓度、总量和排放去向等要求。排污许可的具体办法由国务院规定。

禁止企业事业单位和其他生产经营者无排污许可证或者违反排污许可证的规定向水体排放前款规定的废水、污水。

《中华人民共和国水污染防治法》第二十二条规定：向水体排放污染物的企业事业单位和其他生产经营者，应当按照法律、行政法规和国务院环境保护主管部门的规定设置排污口；在江河、湖泊设置排污口的，还应当遵守国务院水行政主管部门的规定。

《中华人民共和国水污染防治法》第二十三条规定：实行排污许可管理的企业事业单位和其他生产经营者应当按照国家有关规定和监测规范，对所排放的水污染物自行监测，并保存原始监测记录。重点排污单位还应当安装水污染物排放自动监测设备，与环境保护主管部门的监控设备联网，并保证监测设备正常运行。具体办法由国务院环境保护主管部门规定。

应当安装水污染物排放自动监测设备的重点排污单位名录，由设区的市级以上地方人民政府环境保护主管部门根据本行政区域的环境容量、重点水污染物排放总量控制指标的要求以及排污单位排放水污染物的种类、数量和浓度等因素，商同级有关部门确定。

《中华人民共和国水污染防治法》第二十四条规定：实行排污许可管理的企业事业单位和其他生产经营者应当对监测数据的真实性和准确性负责。

环境保护主管部门发现重点排污单位的水污染物排放自动监测设备传输数据异常，应当及时进行调查。

《中华人民共和国水污染防治法》第三十三条规定：禁止向水体排放油类、酸液、碱液或者剧毒废液。

禁止在水体清洗装贮过油类或者有毒污染物的车辆和容器。

《中华人民共和国水污染防治法》第三十四条规定：禁止向水体排放、倾倒放射性固体废物或者含有高放射性和中放射性物质的废水。

向水体排放含低放射性物质的废水，应当符合国家有关放射性污染防治的规定和标准。

《中华人民共和国水污染防治法》第三十七条规定：禁止向水体排放、倾倒工业废渣、城镇垃圾和其他废弃物。

禁止将含有汞、镉、砷、铬、铅、氰化物、黄磷等的可溶性剧毒废渣向水体排放、倾倒或者直接埋入地下。

存放可溶性剧毒废渣的场所，应当采取防水、防渗漏、防流失的措施。

《中华人民共和国水污染防治法》第三十八条规定：禁止在江河、湖泊、运河、渠道、水库最高水位线以下的滩地和岸坡堆放、存贮固体废弃物和其他污染物。

《中华人民共和国水污染防治法》第三十九条规定：禁止利用渗井、渗坑、裂隙、溶洞，私设暗管，篡改、伪造监测数据，或者不正常运行水污染防治设施等逃避监管的方式排放水污染物。

《中华人民共和国水污染防治法》第四十条规定：化学品生产企业以及工业集聚区、矿山开采区、尾矿库、危险废物处置场、垃圾填埋场等的运营、管理单位，应当采取防渗漏等措施，并建设地下水水质监测井进行监测，防止地下水污染。

加油站等的地下油罐应当使用双层罐或者采取建造防渗池等其他有效措施，并进行防渗漏监测，防止地下水污染。

禁止利用无防渗漏措施的沟渠、坑塘等输送或者存贮含有毒污染物的废水、含病原体的污水和其他废弃物。

《中华人民共和国水污染防治法》第四十五条规定：排放工业废水的企业应当采取有效措施，收集和处理产生的全部废水，防止污染环境。含有毒有害水污染物的工业废水应当分类收集和处理，不得稀释排放。

工业集聚区应当配套建设相应的污水集中处理设施，安装自动监测设备，与环境保护主管部门的监控设备联网，并保证监测设备正常运行。

向污水集中处理设施排放工业废水的，应当按照国家有关规定进行预处理，达到集中处理设施处理工艺要求后方可排放。

《中华人民共和国水污染防治法》第四十八条规定：企业应当采用原材料利用效率高、污染物排放量少的清洁工艺，并加强管理，减少水污染物的产生。

《中华人民共和国水污染防治法》第六十四条规定：在饮用水水源保护区内，禁止设置排污口。

《中华人民共和国水污染防治法》第六十五条规定：禁止在饮用水水源一级保护区内新建、改建、扩建与供水设施和保护水源无关的建设项目；已建成的与供水设施和保护水源无关的建设项目，由县级以上人民政府责令拆除或者关闭。

禁止在饮用水水源一级保护区内从事网箱养殖、旅游、游泳、垂钓或者其他可能污染饮用水水体的活动。

《中华人民共和国水污染防治法》第六十六条规定：禁止在饮用水水源二级保护区内新建、改建、扩建排放污染物的建设项目；已建成的排放污染物的建设项目，由县级以上人民政府责令拆除或者关闭。

在饮用水水源二级保护区内从事网箱养殖、旅游等活动的，应当按照规定采取措施，防止污染饮用水水体。

《中华人民共和国水污染防治法》第六十七条规定：禁止在饮用水水源准保护区内新建、扩建对水体污染严重的建设项目；改建建设项目，不得增加排污量。

《中华人民共和国水污染防治法》第七十七条规定：可能发生水污染事故的企业事业单位，应当制定有关水污染事故的应急方案，做好应急准备，并定期进行演练。

生产、储存危险化学品的企业事业单位，应当采取措施，防止在处理安全生产事故过程中产生的可能严重污染水体的消防废水、废液直接排入水体。

《中华人民共和国水污染防治法》第七十八条规定：企业事业单位发生事故

或者其他突发性事件，造成或者可能造成水污染事故的，应当立即启动本单位的应急方案，采取隔离等应急措施，防止水污染物进入水体，并向事故发生地的县级以上地方人民政府或者环境保护主管部门报告。环境保护主管部门接到报告后，应当及时向本级人民政府报告，并抄送有关部门。

三、废水污染防治要求

（一）废水污染防治管理要求

水污染治理工程的建设应遵守国家现行的有关法律、法规和标准的规定。

水污染治理工程应遵循综合治理、再生利用、节能降耗、总量控制的原则。

水污染治理工程建设所采用的技术应成熟可靠，可根据水质、水量、气候等具体情况科学合理、积极慎重地选用经过专家鉴定的、行之有效的新技术、新工艺、新材料和新设备。

水污染治理工程应根据工程所在地和流域的重要性、水体接纳污染物的容量，通过环境影响评价确定污染物排放控制程度，污染物排放应符合国家或地方污染物排放标准的要求。工业废水宜独立完成污染物治理，并满足行业特殊污染物治理与排放要求。

污（废）水处理厂（站）建设、运行过程中产生的废气、废水、废渣及其他污染物的治理与排放，应执行国家环境保护法规和标准的有关规定，防止二次污染。

（二）废水污染防治措施

目前较先进的废水污染防治技术具体如下。

1. MBR-DF 组合污水处理技术

工艺路线：污水经预处理后进入膜生物反应器（MBR），去除 COD、TN 和部分 TP，MBR 出水进入超低压选择性纳滤（DF）单元，去除溶解性小分子有机物、TP、重金属等。DF 单元产生的浓水部分回流至 MBR 前端，部分经深度处理后与 DF 单元产水混合排放或回用。系统产生的污泥经脱水后外运处置。

主要技术指标及应用效果：进水 COD 浓度≤500 mg/L、BOD_5 浓度≤350 mg/L、氨氮浓度≤45 mg/L、TN 浓度≤70 mg/L、TP 浓度≤8 mg/L，出水达

到《城镇污水处理厂水污染物排放标准》（DB11/ 890—2012）中的 A 标准要求。运行压力<0.40 MPa，水回收率>90%。

技术特点：运行压力低，水回收率高，出水水质优，运行稳定性好。

适用范围：出水水质要求高地区的污水深度处理。

2. 高效节地复合生物膜污水处理技术

工艺路线：污水经预处理后进入缺氧—好氧生化处理段，生化处理段采用高填充率轻质填料，正常运行时为固定床结构，反洗时为流化床结构，通过缺氧—好氧生化处理段的串联组合以及工艺参数优化，缺氧池可有效富集厌氧氨氧化菌，好氧池可有效富集短程硝化菌，实现高效截留和去除污染物；出水经高效沉淀、消毒后排放或回用。污泥经脱水后外运处置，臭气经生物处理后达标排放。

主要技术指标及应用效果：进水 COD 浓度≤300 mg/L、BOD_5 浓度≤150 mg/L、SS 浓度≤250 mg/L、氨氮浓度≤40 mg/L、TN 浓度≤45 mg/L、TP 浓度≤5 mg/L，出水达到《城镇污水处理厂水污染物排放标准》（DB11/ 890—2012）中的 B 标准要求。

技术特点：采用的新型轻质填料密度接近于水，有效比表面积大于 1 300 m^2/m^3，孔隙率大于 80%，反应池填料填充率一般为 60%～90%。通过固定床和反洗流化床的有机耦合、功能菌定向强化富集，实现了占地面积小、运行成本低、脱氮效果好的目标。

适用范围：新建及改（扩）建污水处理厂，尤其适用于用地紧张、对节地要求高的情况。

3. 模块化装配式污水处理装备

工艺路线：主体设备为高效气升环流式脱氮生物反应器，该反应器将生化曝气区与沉淀区上下高度集成，中间设置特殊的三相分离结构，反应器可将曝气尾气作为气提动力，驱动内圈—外圈混合液循环。反应器出水经沉淀分离后排放。臭气经处理后达标排放。

主要技术指标及应用效果：进水 COD 浓度≤250 mg/L、BOD_5 浓度≤120 mg/L、SS 浓度≤150 mg/L、氨氮浓度≤30 mg/L、TN 浓度≤40 mg/L、TP 浓度≤4 mg/L，出水达到《城镇污水处理厂污染物排放标准》（GB 18918—2002）

一级 A 标准要求。

技术特点：采用模块化多级环状结构设计，可有效减少占地面积、降低材料用量、缩短建设周期。

适用范围：村镇污水处理厂新建和城镇污水处理厂扩建。

4. 冷轧废水物化—生化—臭氧催化氧化耦合强化处理技术

工艺路线：冷轧高 COD 碱性废水经气浮等预处理，再经生化、混凝沉淀等工艺处理后，与经氢氧化钠、石灰两段中和混凝沉淀等工艺处理后的低 COD 酸性废水混合，进入臭氧催化氧化系统处理，出水经过滤后进入一级膜脱盐回用系统，产水回用，浓盐水进行电氧化处理。

主要技术指标及应用效果：冷轧废水经一级脱盐后回用率≥70%，出水 COD 浓度＜30 mg/L、TN 浓度＜10 mg/L，出水达到《钢铁工业水污染物排放标准》（GB 13456—2012）表 3 的要求。

技术特点：处理效率高，出水水质好，废水回用率高，浓盐水可得到有效处理。

适用范围：钢铁行业冷轧（含硅钢）废水处理。

5. 工业废水厌氧氨氧化脱氮处理技术

工艺路线：采用“预处理 + 厌氧氨氧化 + 深度脱氮”工艺处理工业废水。厌氧氨氧化利用富集在填料上的厌氧氨氧化菌去除污水中氨氮和 TN，同时耦合异养脱氮进一步提高 TN 去除率。利用外源电子调控的厌氧氨氧化技术可以有效调控系统脱氮功能菌群的稳定性，实现工业废水自养异养耦合脱氮。

主要技术指标及应用效果：进水氨氮浓度为 350～800 mg/L、TN 浓度为 500～1 000 mg/L、氨氮和 TN 去除率＞90%，曝气能耗节省 60% 以上，碳源投加量减少 90% 以上。

技术特点：脱氮效率高，碳源消耗少。

适用范围：高氨氮、低 C/N 工业废水处理。

6. 有色冶炼烟气洗涤污酸废水治理与资源化利用技术

工艺路线：采用“硫化—电渗析—蒸发浓缩—氟氯吹脱—碱液吸收”等组合工艺，应用耐高温、耐腐蚀、大流量泵和分离设备实现污酸中有价金属、硫酸、氟、氯等成分的回收和废水、废渣的资源化利用。气液强化硫化可去除污酸废水中铜、砷、汞等污染物，电渗析、蒸发浓缩可实现酸的浓缩和水资源回收，氟氯吹脱可实现硫酸的分离回收和氟氯的有效分离，碱液吸收可实现氟氯高效回收。

主要技术指标及应用效果：回用水氟离子、氯离子浓度均<200 mg/L，水回收率>95%，硫酸回收率>90%，氟和氯回收率均>95%。

技术特点：实现污酸废水及其有价组分高效回收利用，废渣产生量少，节省投资，运行费用低，自动化程度高。

适用范围：有色冶炼烟气洗涤。

四、典型案例

（一）黑龙江省大庆市某公司利用暗管逃避监管方式排放水污染物案

2021 年 7 月 11 日，黑龙江省大庆市生态环境局接到群众举报，反映大庆市兴化园区某公司偷排生产废水。收到举报线索后，执法人员初步判断该案件可能涉嫌污染环境罪或需移送公安行政拘留，立即请公安机关提前介入，并联合公安机关对该公司进行突击检查。

现场检查时发现，该公司甘宝素生产车间正在调试，有 4 名工人正在对污水收集池进行防腐作业。污水处理车间内有 2 名工人正在安装污水处理设备，新安装的氨氮吹脱塔与 2 个污水收集罐（旧反应釜）相连接，罐内装有甘宝素工序产生的生产废水。2 个污水收集罐下方的控制阀门均连接有排水软管，2 根排水软管伸向地面上一个直径约为 25 cm 的孔洞，孔洞内有铁制管道通向地下井。经现场测量，孔洞下的管道深约 10 m，周边地面上有明显的排水痕迹。经对污水收集罐和地下井内的存水进行同源性监测，确认地下井内有生产废水。

该公司的上述行为违反了《中华人民共和国水污染防治法》第三十九条的规定。大庆市生态环境局根据《中华人民共和国水污染防治法》第八十三条第（三）项以及《黑龙江省生态环境行政处罚自由裁量基准》的规定，责令该公司立即改正违法行为，并对其处以 30 万元罚款，同时要求其对地下井内的水环境进行修复。大庆市生态环境局依法将该案件移交公安机关，公安机关依法对该公司负责人行政拘留 5 日。

（二）江西省新余市某企业不正常运行污染防治设施案

2021 年 2 月，江西省新余市生态环境局接到群众举报电话，反映某企业外排污水流入周宇江。根据举报线索，江西省新余市生态环境局立即组织执法人员赶赴现场检查。经核实，该企业在对脱硫设备废水沉淀池进行清污作业过程中，造成沉淀池含脱硫石膏废水外溢，废水沿雨水沟和集水井从该企业厂区东面围墙外的雨水排放口流入周宇江。经取样检测，该企业外排废水中的悬浮物浓度为 450 mg/L，超过《钢铁工业水污染物排放标准》（GB 13456—2012）规定浓度限值的 14 倍。

该企业的上述行为违反了《中华人民共和国水污染防治法》第三十九条的规定。新余市生态环境局根据《中华人民共和国水污染防治法》第八十三条第（三）项及《江西省环境保护行政处罚自由裁量权细化标准》的规定，对该企业处以 50 万元罚款，并责令其按要求在规定限期内进行整改。

第五节　固体废物污染防治

一、主要相关法律法规

（1）《中华人民共和国环境保护法》；

（2）《中华人民共和国固体废物污染环境防治法》；

（3）《国家危险废物名录》（2025 年版）；

（4）《危险化学品目录》（2015 版）；

（5）《关于推进危险废物环境管理信息化有关工作的通知》（环办固体函〔2020〕733 号）；

（6）《关于发布〈危险废物产生单位管理计划制定指南〉的公告》（环境保护部公告 2016 年第 7 号）；

（7）《危险废物转移管理办法》（生态环境部、公安部、交通运输部令第

23 号）;

（8）《关于发布〈固体废物分类与代码目录〉的公告》（生态环境部公告 2024 年第 4 号）。

二、固体废物的判定

（一）固体废物定义

根据《中华人民共和国固体废物污染环境防治法》第一百二十四条规定：固体废物，是指在生产、生活和其他活动中产生的丧失原有利用价值或者虽未丧失利用价值但被抛弃或者放弃的固态、半固态和置于容器中的气态的物品、物质以及法律、行政法规规定纳入固体废物管理的物品、物质。经无害化加工处理，并且符合强制性国家产品质量标准，不会危害公众健康和生态安全，或者根据固体废物鉴别标准和鉴别程序认定为不属于固体废物的除外。

（二）依据产生来源的固体废物鉴别

依据产生来源，下列物质属于固体废物。

1. 丧失原有使用价值的物质

（1）在生产过程中产生的因为不符合国家、地方制定或行业通行的产品标准（规范），或者因为质量原因，而不能在市场出售、流通或者不能按照原用途使用的物质，如不合格品、残次品、废品等。但符合国家、地方制定或行业通行的产品标准中等外品级的物质以及在生产企业内进行返工（返修）的物质除外。

（2）因为超过质量保证期，而不能在市场出售、流通或者不能按照原用途使用的物质。

（3）因为沾染、掺入、混杂无用或有害物质使其质量无法满足使用要求，而不能在市场出售、流通或者不能按照原用途使用的物质。

（4）在消费或使用过程中产生的，因为使用寿命到期而不能继续按照原用途使用的物质。

（5）执法机关查处没收的需报废、销毁等无害化处理的物质，包括（但不限于）假冒伪劣产品、侵犯知识产权产品、毒品等禁用品。

（6）以处置废物为目的生产的，不存在市场需求或不能在市场上出售、流通的物质。

（7）因为自然灾害、不可抗力因素和人为灾难因素造成损坏而无法继续按照原用途使用的物质。

（8）因丧失原有功能而无法继续使用的物质。

（9）由于其他原因而不能在市场出售、流通或者不能按照原用途使用的物质。

2. 生产过程中产生的副产物

（1）产品加工和制造过程中产生的下脚料、边角料、残余物质等。

（2）在物质提取、提纯、电解、电积、净化、改性、表面处理以及其他处理过程中产生的残余物质，包括（但不限于）以下物质：在黑色金属冶炼或加工过程中产生的高炉渣、钢渣、轧钢氧化皮、铁合金渣、锰渣；在有色金属冶炼或加工过程中产生的铜渣、铅渣、锡渣、锌渣、铝灰（渣）等火法冶炼渣，以及赤泥、电解阳极泥、电解铝阳极炭块残极、电积槽渣、酸（碱）浸出渣、净化渣等湿法冶炼渣；在金属表面处理过程中产生的电镀槽渣、打磨粉尘。

（3）在物质合成、裂解、分馏、蒸馏、溶解、沉淀以及其他过程中产生的残余物质，包括（但不限于）以下物质：在石油炼制过程中产生的废酸液、废碱液、白土渣、油页岩渣；在有机化工生产过程中产生的酸渣、废母液、蒸馏釜底残渣、电石渣；在无机化工生产过程中产生的磷石膏、氨碱白泥、铬渣、硫铁矿渣、盐泥。

（4）金属矿、非金属矿和煤炭开采、选矿过程中产生的废石、尾矿、煤矸石等。

（5）石油、天然气、地热开采过程中产生的钻井泥浆、废压裂液、油泥或油泥砂、油脚和油田溅溢物等。

（6）火力发电厂锅炉、其他工业和民用锅炉、工业窑炉等热能或燃烧设施中，燃料燃烧产生的燃煤炉渣等残余物质。

（7）在设施设备维护和检修过程中，从炉窑、反应釜、反应槽、管道、容器以及其他设施设备中清理出的残余物质和损毁物质。

（8）在物质破碎、粉碎、筛分、碾磨、切割、包装等加工处理过程中产生的不能直接作为产品或原材料或作为现场返料的回收粉尘、粉末。

（9）在建筑、工程等施工和作业过程中产生的报废料、残余物质等建筑废物。

（10）畜禽和水产养殖过程中产生的动物粪便、病害动物尸体等。

（11）农业生产过程中产生的作物秸秆、植物枝叶等农业废物。

（12）教学、科研、生产、医疗等实验过程中，产生的动物尸体等实验室废弃物质。

（13）其他生产过程中产生的副产物。

3. 环境治理和污染控制过程中产生的物质

（1）烟气和废气净化、除尘处理过程中收集的烟尘、粉尘，包括粉煤灰。

（2）烟气脱硫产生的脱硫石膏和烟气脱硝产生的废脱硝催化剂。

（3）煤气净化产生的煤焦油。

（4）烟气净化过程中产生的副产硫酸或盐酸。

（5）水净化和废水处理产生的污泥及其他废弃物质。

（6）废水或废液（包括固体废物填埋场产生的渗滤液）处理产生的浓缩液。

（7）化粪池污泥、厕所粪便。

（8）固体废物焚烧炉产生的飞灰、底渣等灰渣。

（9）堆肥生产过程中产生的残余物质。

（10）绿化和园林管理中清理产生的植物枝叶。

（11）河道、沟渠、湖泊、航道、浴场等水体环境中清理出的漂浮物和疏浚污泥。

（12）烟气、臭气和废水净化过程中产生的废活性炭、过滤器滤膜等过滤介质。

（13）在污染地块修复、处理过程中，采用填埋、焚烧、水泥窑协同处置、生产砖、瓦、筑路材料等其他建筑材料等任何一种方式处置或利用的污染土壤。

（14）在其他环境治理和污染修复过程中产生的各类物质。

4. 其他

（1）法律禁止使用的物质。

（2）国务院生态环境保护主管部门认定为固体废物的物质。

（三）利用和处置过程中的固体废物鉴别

在任何条件下，固体废物按照以下任何一种方式利用或处置时，仍然作为固体废物管理：

（1）以土壤改良、地块改造、地块修复和其他土地利用方式直接施用于土地或生产施用于土地的物质（包括堆肥），以及生产筑路材料。

（2）焚烧处置（包括获取热能的焚烧和垃圾衍生燃料的焚烧），或用于生产燃料，或包含于燃料中。

（3）填埋处置。

（4）倾倒、堆置。

（5）国务院生态环境保护主管部门认定的其他处置方式。

利用固体废物生产的产物同时满足下述条件的，不作为固体废物管理，按照相应的产品管理（按照上述几条进行利用或处置的除外）：

（1）符合国家、地方制定或行业通行的被替代原料生产的产品质量标准。

（2）符合相关国家污染物排放（控制）标准或技术规范要求，包括该产物生产过程中排放到环境中的有害物质限值和该产物中有害物质的含量限值。

当没有国家污染控制标准或技术规范时，该产物中所含有害成分含量不高于利用被替代原料生产的产品中的有害成分含量，并且在该产物生产过程中，排放到环境中的有害物质浓度不高于利用所替代原料生产产品过程中排放到环境中的有害物质浓度，当没有被替代原料时，不考虑该条件。

（3）有稳定、合理的市场需求。

（四）不作为固体废物管理的物质

1. 以下物质不作为固体废物管理

（1）任何不需要修复和加工即可用于其原始用途的物质，或者在产生点经过修复和加工后满足国家地方制定或行业通行的产品质量标准并且用于其原始用途的物质。

（2）不经过贮存或堆积过程，而在现场直接返回到原生产过程或返回其产生过程的物质。

（3）修复后作为土壤用途使用的污染土壤。

（4）供实验室化验分析用或科学研究用固体废物样品。

2. 按照以下方式进行处置后的物质，不作为固体废物管理

（1）金属矿、非金属矿和煤炭采选过程中直接留在或返回到采空区的符合 GB 18599 中第Ⅰ类一般工业固体废物要求的采矿废石、尾矿和煤矸石。但是带入除采矿废石、尾矿和煤矸石以外的其他污染物质的除外。

（2）工程施工中产生的按照法规要求或国家标准要求就地处置的物质。

3. 国务院生态环境主管部门认定不作为固体废物管理的物质

（五）不作为液态废物管理的物质

满足相关法规和排放标准要求可排入环境水体或者市政污水管网和处理设施的废水、污水。

经过物理处理、化学处理、物理化学处理和生物处理等废水处理工艺处理后，可以满足向环境水体或市政污水管网和处理设施排放的相关法规和排放标准要求的废水和污水。

废酸、废碱中和处理后产生的满足上述两条要求的废水。

（六）危险废物

危险废物是列入《国家危险废物名录》或者根据国家规定的危险废物鉴别标准和鉴别方法认定的具有危险特性的固体废物。

（七）危险废物鉴别程序

危险废物的鉴别应按照以下程序进行：

（1）依据法律规定和 GB 34330，判断待鉴别的物品、物质是否属于固体废物，不属于固体废物的，则不属于危险废物。

（2）经判断属于固体废物的，则首先依据《国家危险废物名录》鉴别。凡列入《国家危险废物名录》的固体废物，属于危险废物，不需要进行危险特性鉴别。

（3）未列入《国家危险废物名录》，但不排除具有腐蚀性、毒性、易燃性、反应性的固体废物，依据 GB 5085.1、GB 5085.2、GB 5085.3、GB 5085.4、GB 5085.5 和 GB 5085.6，以及 HJ 298 进行鉴别。凡具有腐蚀性、毒性、易燃性、反应性中一种或一种以上危险特性的固体废物，属于危险废物。

（4）对未列入《国家危险废物名录》且根据危险废物鉴别标准无法鉴别，但可能对人体健康或生态环境造成有害影响的固体废物，由国务院生态环境主管部门组织专家认定。

（八）危险废物混合后判定规则

具有毒性、感染性中一种或两种危险特性的危险废物与其他物质混合，导致危险特性扩散到其他物质中，混合后的固体废物属于危险废物。

仅具有腐蚀性、易燃性、反应性中一种或一种以上危险特性的危险废物与其他物质混合，混合后的固体废物经鉴别不再具有危险特性的，不属于危险废物。

危险废物与放射性废物混合，混合后的废物应按照放射性废物管理。

（九）危险废物利用处置后判定规则

仅具有腐蚀性、易燃性、反应性中一种或一种以上危险特性的危险废物利用过程和处置后产生的固体废物，经鉴别不再具有危险特性的，不属于危险废物。

具有毒性危险特性的危险废物利用过程产生的固体废物，经鉴别不再具有危险特性的，不属于危险废物。除国家有关法规、标准另有规定的外，具有毒性危险特性的危险废物处置后产生的固体废物，仍属于危险废物。

除国家有关法规、标准另有规定的外，具有感染性危险特性的危险废物利用处置后，仍属于危险废物。

三、一般工业固体废物管理要求

一般工业固体废物是指企业在工业生产过程中产生且不属于危险废物的工业固体废物。

（一）基本要求

建设产生、贮存、利用、处置固体废物的项目，应当依法进行环境影响评价，对配套建设的固体废物污染环境防治设施进行验收，编制验收报告，并向社会公开。

产生、收集、贮存、运输、利用、处置固体废物的单位和其他生产经营者，应当采取防扬散、防流失、防渗漏或者其他防止污染环境的措施，不得擅自倾倒、堆放、丢弃、遗撒固体废物。建立对工业固体废物产生、收集、贮存、运输、利用、处置全过程的污染环境防治责任制度，建立工业固体废物管理台账，如实记录产生工业固体废物的种类、数量、流向、贮存、利用、处置等信息，实现工业固体废物可追溯、可查询，并采取防治工业固体废物污染环境的措施。

（二）主要管理要求

一般工业固体废物处置实行“谁产生、谁治理，谁产生、谁付费”的原则。产生工业固体废物的单位应建立健全工业固体废物产生、收集、贮存、运输、利用、处置全过程的污染环境防治责任制度。主要要求具体如下。

1. 分类存放

产生工业固体废物的单位应根据经济、技术条件对工业固体废物加以利用；对暂时不利用或者不能利用的，应当按照国务院生态环境等主管部门的规定建设贮存设施、场所，并安全分类存放，或者采取无害化处置措施。建设工业固体废物贮存、处置的设施、场所，应当符合国家环境保护标准，地面须做硬底化处理，设有雨棚、围堰或围墙，并设置标识牌，不相容的一般工业固体废物应设置不同的分区进行贮存和填埋作业。危险废物和生活垃圾不得进入一般工业固体废物贮存场及填埋场。国家及地方有关法律法规、标准另有规定的除外。

2. 建立台账

建立工业固体废物管理台账，如实记录产生工业固体废物的种类、数量、流向、贮存、利用、处置等信息，实现工业固体废物可追溯、可查询。

3. 减少产生

合理选择和利用原材料、能源和其他资源，采用先进的生产工艺和设备，减少一般工业固体废物产生量。

4. 无害处理

对其产生的不能利用的一般工业固体废物，要按照环境保护的有关规定处置，禁止擅自处置。委托他人运输、利用、处置工业固体废物的，应当对受托方的主体资格和技术能力进行核实，依法签订书面合同，在合同中约定污染防治要求。严禁将一般工业固体废物委托给不具相关资质或能力的企业处置。受托方运输、利用、处置工业固体废物时，应当依照有关法律法规的规定和合同约定履行污染防治要求，并将运输、利用、处置情况告知产生工业固体废物的单位。

四、危险废物管理要求

（一）基本要求

产生危险废物的单位，应当按照《危险废物管理计划和管理台账制定技术导则》（HJ 1259—2022）中要求，制定危险废物管理计划，内容应当包括减少危险废物产生量和降低危险废物危害性的措施以及危险废物贮存、利用、处置措施；建立危险废物管理台账，如实记录危险废物的种类、产生量、流向、贮存、利用、处置等有关信息；通过国家危险废物信息管理系统向所在地生态环境主管部门备案危险废物管理计划，申报危险废物有关资料。

从事危险废物收集、贮存、运输经营活动的单位应具有危险废物经营许可证。在收集、贮存、运输危险废物时，应根据危险废物收集、贮存、处置经营许可证核发的有关规定建立相应的规章制度和污染防治措施，包括危险废物分析管理制度、安全管理制度、污染防治措施等。危险废物产生单位应遵照国家相关管理规定，建立健全规章制度及操作流程，确保该过程的安全、可靠。危险废物转移过程应按照《危险废物转移联单管理办法》执行。危险废物收集、贮存、运输单位应建立规范的管理和技术人员培训制度，定期对管理和技术人员进行培训。培训内容至少应包括危险废物鉴别要求、危险废物经营许可证管理、危险废物转移联单管理、危险废物包装和标识、危险废物运输要求、危险废物事故应急方法等。危险废物收集、贮存、运输单位应编制应急预案。针对危险废物收集、贮存、运输过程中的事故易发环节应定期组织应急演练。

危险废物收集、贮存、运输过程中一旦发生意外事故，收集、贮存、运输单位及相关部门应根据风险程度采取以下措施：

（1）设立事故警戒线，启动应急预案，并按照《突发环境事件信息报告办法》要求进行报告。

（2）若造成事故的危险废物具有剧毒性、易燃性、爆炸性或高传染性，应立即疏散人群，并请求环境保护、消防、医疗、公安等相关部门支援。

（3）对受到污染的土壤和水体等环境介质的事故现场应进行相应的清理和修复。

（4）清理过程中产生的所有废物均应按危险废物进行管理和处置。

（5）进入现场清理和包装危险废物的人员应受过专业培训，穿防护服并佩戴相应的防护用具。

（6）危险废物收集、贮存、运输时应按腐蚀性、毒性、易燃性、反应性和感染性等危险特性对危险废物进行分类、包装并设置相应的标志及标签。危险废物特性应根据其产生源特性及 GB 5085.1～GB 5085.7、HJ 298 进行鉴别。

（二）危险废物分类管理

根据危险废物的产生数量和环境风险等因素，产生危险废物单位的管理类别按照以下原则分为危险废物环境重点监管单位、危险废物简化管理单位和危险废物登记管理单位。

具备下列条件之一的单位，纳入危险废物环境重点监管单位：

（1）同一生产经营场所危险废物年产生量达 100 t 及以上的单位；

（2）具有危险废物自行利用处置设施的单位；

（3）持有危险废物经营许可证的单位。

同一生产经营场所危险废物年产生量达 10 t 及以上且未纳入危险废物环境重点监管单位的单位，纳入危险废物简化管理单位。

同一生产经营场所危险废物年产生量达 10 t 以下且未纳入危险废物环境重点监管单位的单位，纳入危险废物登记管理单位。

危险废物年产生量按以下方法确定：投运满 3 年的，其危险废物年产生量按照近 3 年年最大量确定；投运满 1 年但不满 3 年的，危险废物年产生量按投运期间年最大量确定；未投运、投运不满年或间歇产生危险废物周期大于 3 年的，按照环境影响评价文件、排污许可证副本等文件中较大的危险废物核算量确定。

（三）危险废物管理计划制定要求

1. 制定单位

同一法人单位或者其他组织所属但位于不同生产经营场所的单位，应当以每个生产经营场所为单位分别制定危险废物管理计划，并通过国家危险废物信息管理系统向生产经营场所所在地生态环境主管部门备案。

2. 制定形式及时限要求

产生危险废物的单位应当按年度制定危险废物管理计划。

产生危险废物的单位应当于每年 3 月 31 日前通过国家危险废物信息管理系统在线填写并提交当年度的危险废物管理计划，由国家危险废物信息管理系统自动生成备案编号和回执，完成备案。

危险废物管理计划备案内容需要调整的，产生危险废物的单位应当及时变更。

3. 一般原则

危险废物环境重点监管单位的管理计划制定内容应包括单位基本信息、设施信息、危险废物产生情况信息、危险废物贮存情况信息、危险废物自行利用 / 处置情况信息、危险废物减量化计划和措施、危险废物转移情况信息。

危险废物简化管理单位的管理计划制定内容应包括单位基本信息、危险废物产生情况信息、危险废物贮存情况信息、危险废物减量化计划和措施、危险废物转移情况信息。

危险废物登记管理单位的管理计划制定内容应包括单位基本信息、危险废物产生情况信息、危险废物转移情况信息。

（四）危险废物管理台账要求

产生危险废物的单位应建立危险废物管理台账，落实危险废物管理台账记录的责任人，明确工作职责，并对危险废物管理台账的真实性、准确性和完整性负法律责任。

产生危险废物的单位应根据危险废物产生、贮存、利用、处置等环节的动态流向，如实建立各环节的危险废物管理台账。

危险废物管理台账分为电子管理台账和纸质管理台账两种形式。产生危险废物的单位可通过国家危险废物信息管理系统、企业自建信息管理系统或第三方平台等方式记录电子管理台账。

1. 危险废物台账频次要求

产生后盛放至容器和包装物的，应按每个容器和包装物进行记录；产生后采用管道等方式输送至贮存场所的，按日记录；其他特殊情形的，根据危险废物产生规律确定记录频次。

2. 危险废物台账记录内容

危险废物产生环节，应记录产生批次编码、产生时间、危险废物名称、危险废物类别、危险废物代码、产生量、计量单位、容器/包装编码、容器/包装类型、容器/包装数量、产生危险废物设施编码、产生部门经办人、去向等。

危险废物入库环节，应记录入库批次编码、入库时间、容器/包装编码、容器/包装类型、容器包装数量、危险废物名称、危险废物类别、危险废物代码、入库量、计量单位、贮存设施编码、贮存设施类型、运送部门经办人、贮存部门经办人、产生批次编码等。

危险废物出库环节，应记录出库批次编码、出库时间、容器/包装编码、容器/包装类型、容器/包装数量、危险废物名称、危险废物类别、危险废物代码、出库量、计量单位、贮存设施编码、贮存设施类型、出库部门经办人、运送部门经办人、入库批次编码、去向等。

危险废物自行利用/处置环节，应记录自行利用/处置批次编码、自行利用/处置时间、容器/包装编码、容器/包装类型、容器/包装数量、危险废物名称、危险废物类别、危险废物代码、自行利用/处置量、计量单位、自行利用/处置设施编码、自行利用处置方式、自行利用/处置完毕时间、自行利用/处置部门经办人、产生批次编码/出库批次编码等。

危险废物委外利用/处置环节，应记录委外利用/处置批次编码、出厂时间、容器/包装编码、容器/包装类型、容器/包装数量、危险废物名称、危险废物类别、危险废物代码、委外利用/处置量、计量单位、利用/处置方式、接收单位类型、利用/处置单位名称、许可证编码/出口核准通知单编号、产生批次编码/出库批次编码等。

3. 危险废物记录保存时间

保存时间原则上应存档5年以上。

（五）危险废物申报要求

（1）产生危险废物的单位应定期通过国家危险废物信息管理系统向所在地生态环境主管部门申报危险废物的种类、产生量、流向、贮存、利用、处置等有关资料。

（2）产生危险废物的单位应根据危险废物管理台账记录归纳总结申报期内危险废物有关情况，保证申报内容的真实性、准确性和完整性，按时在线提交至所在地生态环境主管部门，台账记录留存备查。

（3）申报周期。

危险废物环境重点监管单位应当按月度和年度申报危险废物有关资料，且于每月 15 日前和每年 3 月 31 日前分别完成上一月度和上一年度的申报。

危险废物简化管理单位应当按季度和年度申报危险废物有关资料，且于每季度首月 15 日前和每年 3 月 31 日前分别完成上一季度和上一年度的申报。

危险废物登记管理单位应当按年度申报危险废物有关资料，且于每年 3 月 31 日前完成上一年度的申报。

（4）申报内容。

申报内容包括危险废物产生情况、危险废物自行利用 / 处置情况、危险废物委托外单位利用 / 处置情况、贮存情况。

通过国家危险废物信息管理系统建立危险废物电子管理台账的单位，国家危险废物信息管理系统自动生成危险废物申报报告，经其确认并在线提交后，完成申报。

（六）危险废物收集

危险废物产生单位进行的危险废物收集包括两个方面，一是在危险废物产生节点将危险废物集中到适当的包装容器中或运输车辆上的活动；二是将已包装或装到运输车辆上的危险废物集中到危险废物产生单位内部临时贮存设施的内部转运。

危险废物的收集应根据危险废物产生的工艺特征、排放周期、危险废物特性、废物管理计划等因素制定收集计划。收集计划应包括收集任务概述、收集目标及原则、危险废物特性评估、危险废物收集量估算、收集作业范围和方法、收集设备与包装容器、安全生产与个人防护、工程防护与事故应急、进度安排与组织管理等。

危险废物的收集应制定详细的操作规程，内容至少应包括适用范围、操作程序和方法、专用设备和工具、转移和交接、安全保障和应急防护等。

危险废物收集和转运作业人员应根据工作需要配备必要的个人防护装备，如手套、防护镜、防护服、防毒面具或口罩等。

在危险废物的收集和转运过程中，应采取相应的安全防护和污染防治措施，包括防爆、防火、防中毒、防感染、防泄漏、防飞扬、防雨或其他防止污染环境的措施。

危险废物收集时应根据危险废物的种类、数量、危险特性、物理形态、运输要求等因素确定包装形式，具体包装应符合以下要求：

（1）包装材质要与危险废物相容，可根据废物特性选择钢、铝、塑料等材质。

（2）性质类似的废物可收集到同一个容器中，性质不相容的危险废物不应混合包装。

（3）危险废物包装应能有效隔断危险废物迁移扩散途径，并达到防渗、防漏要求。

（4）包装好的危险废物应设置相应的标签，标签信息应填写完整翔实。

（5）盛装过危险废物的包装袋或包装容器破损后应按危险废物进行管理和处置。

（6）危险废物还应根据 GB 12463 的有关要求进行运输包装。

危险废物的收集作业应满足以下要求：

（1）应根据收集设备、转运车辆以及现场人员等实际情况确定相应作业区域，同时要设置作业界限标志和警示牌。

（2）作业区域内应设置危险废物收集专用通道和人员避险通道。

（3）收集时应配备必要的收集工具和包装物，以及必要的应急监测设备及应急装备。

（4）危险废物收集应填写记录表，并将记录表作为危险废物管理的重要档案妥善保存。

（5）收集结束后应清理和恢复收集作业区域，确保作业区域环境整洁安全。

（6）收集过危险废物的容器、设备、设施、场所及其他物品转作他用时，应消除污染，确保其使用安全。

危险废物内部转运作业应满足以下要求：

（1）危险废物内部转运应综合考虑厂区的实际情况确定转运路线，尽量避开办公区和生活区。

（2）危险废物内部转运作业应采用专用的工具，危险废物内部转运应填写《危险废物厂内转运记录表》。

（3）危险废物内部转运结束后，应对转运路线进行检查和清理，确保无危险废物遗失在转运路线上，并对转运工具进行清洗。

（七）危险废物贮存

1. 总体要求

（1）产生、收集、贮存、利用、处置危险废物的单位应建造危险废物贮存设施或设置贮存场所，并根据需要选择贮存设施类型。

（2）贮存危险废物应根据危险废物的类别、数量、形态、物理化学性质和环境风险等因素，确定贮存设施或场所类型和规模。

（3）贮存危险废物应根据危险废物的类别、形态、物理化学性质和污染防治要求进行分类贮存，且应避免危险废物与不相容的物质或材料接触。

（4）贮存危险废物应根据危险废物的形态、物理化学性质、包装形式和污染物迁移途径，采取措施减少渗滤液及其衍生物、渗漏的液态废物（以下简称渗漏液）、粉尘、VOCs、酸雾、有毒有害大气污染物和刺激性气味气体等污染物的产生，防止其污染环境。

（5）危险废物贮存过程产生的液态废物和固态废物应分类收集，按其环境管理要求妥善处理。

（6）贮存设施或场所、容器和包装物应按 HJ 1276 要求设置危险废物贮存设施或场所标志、危险废物贮存分区标志和危险废物标签等危险废物识别标志。

（7）HJ 1259 规定的危险废物环境重点监管单位，应采用电子地磅、电子标签、电子管理台账等技术手段对危险废物贮存过程进行信息化管理，确保数据完整、真实、准确；采用视频监控的应确保监控画面清晰，视频记录保存时间至少为 3 个月。

（8）贮存设施退役时，所有者或运营者应依法履行环境保护责任，退役前应妥善处理处置贮存设施内剩余的危险废物，并对贮存设施进行清理，消除污染，还应依据土壤污染防治相关法律法规履行场地环境风险防控责任。

（9）在常温常压下易爆、易燃及排出有毒气体的危险废物应进行预处理，使之稳定后贮存，否则应按易爆、易燃危险品贮存。

（10）危险废物贮存除应满足环境保护相关要求外，还应执行国家安全生产职业健康、交通运输、消防等法律法规和标准的相关要求。

2. 贮存设施选址要求

（1）贮存设施选址应满足生态环境保护法律法规、规划和“三线一单”生态环境分区管控的要求，建设项目应依法进行环境影响评价。

（2）集中贮存设施不应选在生态保护红线区域、永久基本农田和其他需要特别保护的区域内，不应建在溶洞区或易遭受洪水、滑坡、泥石流、潮汐等严重自然灾害影响的地区。

（3）贮存设施不应选在江河、湖泊、运河、渠道、水库及其最高水位线以下的滩地和岸坡，以及法律法规规定禁止贮存危险废物的其他地点。

（4）贮存设施场址的位置以及其与周围环境敏感目标的距离应依据环境影响评价文件确定。

3. 贮存设施污染控制要求

（1）贮存设施应根据危险废物的形态、物理化学性质、包装形式和污染物迁移途径，采取必要的防风、防晒、防雨、防漏、防渗、防腐以及其他环境污染防治措施，不应露天堆放危险废物。

（2）贮存设施应根据危险废物的类别、数量、形态、物理化学性质和污染防治等要求设置必要的贮存分区，避免不相容的危险废物接触、混合。

（3）贮存设施或贮存分区内地面、墙面裙脚、堵截泄漏的围堰、接触危险废物的隔板和墙体等应采用坚固的材料建造，表面无裂缝。

（4）贮存设施地面与裙脚应采取表面防渗措施；表面防渗材料应与所接触的物料或污染物相容，可采用抗渗混凝土、高密度聚乙烯膜、钠基膨润土防水毯或其他防渗性能等效的材料。贮存的危险废物直接接触地面的，还应进行基础防渗，防渗层为至少 1 m 厚黏土层（渗透系数不大于 10^{-7} cm/s），或至少 2 mm 厚高密度聚乙烯膜等人工防渗材料（渗透系数不大于 10^{-10} cm/s），或其他防渗性能等效的材料。

（5）同一贮存设施宜采用相同的防渗、防腐工艺（包括防渗、防腐结构或材料），防渗、防腐材料应覆盖所有可能与废物及其渗滤液、渗漏液等接触的构筑物表面；采用不同防渗、防腐工艺应分别建设贮存分区。

（6）贮存设施应采取技术和管理措施防止无关人员进入。

4. 容器和包装物污染控制要求

（1）容器和包装物材质、内衬应与盛装的危险废物相容。

（2）针对不同类别、形态、物理化学性质的危险废物，其容器和包装物应满足相应的防渗、防漏、防腐和强度等要求。

（3）硬质容器和包装物及其支护结构堆叠码放时不应有明显变形，无破损泄漏。

（4）柔性容器和包装物堆叠码放时应封口严密，无破损泄漏。

（5）使用容器盛装液态、半固态危险废物时，容器内部应留有适当的空间，以适应因温度变化等可能引发的收缩和膨胀，防止其导致容器渗漏或永久变形。

（6）容器和包装物外表面应保持清洁。

5. 贮存过程污染控制要求

（1）在常温常压下不易水解、不易挥发的固态危险废物可分类堆放贮存，其他固态危险废物应装入容器或包装物内贮存。

（2）液态危险废物应装入容器内贮存，或直接采用贮存池、贮存罐贮存。

（3）半固态危险废物应装入容器或包装袋内贮存，或直接采用贮存池贮存。

（4）具有热塑性的危险废物应装入容器或包装袋内进行贮存。

（5）易产生粉尘、VOCs、酸雾、有毒有害大气污染物和刺激性气味气体的危险废物应装入闭口容器或包装物内贮存。

（6）危险废物贮存过程中易产生粉尘等无组织排放的，应采取抑尘等有效措施。

6. 贮存设施运行环境管理要求

（1）危险废物存入贮存设施前应对危险废物类别和特性与危险废物标签等危险废物识别标志的一致性进行核验，不一致的或类别、特性不明的不应存入。

（2）应定期检查危险废物的贮存状况，及时清理贮存设施地面，更换破损泄漏的危险废物贮存容器和包装物，保证堆存危险废物的防雨、防风、防扬尘等设施功能完好。

（3）作业设备及车辆等结束作业离开贮存设施时，应对其残留的危险废物进行清理，清理的废物或清洗废水应收集处理。

（4）贮存设施运行期间，应按国家有关标准和规定建立危险废物管理台账并保存。

（5）贮存设施所有者或运营者应建立贮存设施环境管理制度、管理人员岗位职责制度、设施运行操作制度、人员岗位培训制度等。

（6）贮存设施所有者或运营者应依据国家土壤和地下水污染防治的有关规定，结合贮存设施特点建立土壤和地下水污染隐患排查制度，并定期开展隐患排查；发现隐患应及时采取措施消除隐患，并建立档案。

（7）贮存设施所有者或运营者应建立贮存设施全部档案，包括设计、施工、验收、运行、监测和环境应急等，应按国家有关档案管理的法律法规进行整理和归档。

7. 污染物排放控制要求

（1）贮存设施产生的废水（包括贮存设施、作业设备、车辆等清洗废水，贮存罐区积存雨水，贮存事故废水等）应进行收集处理，废水排放应符合 GB 8978 规定的要求。

（2）贮存设施产生的废气（含无组织废气）的排放应符合 GB 16297 和 GB 37822 规定的要求。贮存设施产生的恶臭气体的排放应符合 GB 14554 规定的要求。

（3）贮存设施内产生以及清理的固体废物应按固体废物分类管理要求妥善处理。

（4）贮存设施排放的环境噪声应符合 GB 12348 规定的要求。

8. 环境监测要求

（1）贮存设施的环境监测应纳入主体设施的环境监测计划。

（2）贮存设施所有者或运营者应依据《中华人民共和国大气污染防治法》《中华人民共和国水污染防治法》《中华人民共和国土壤污染防治法》等有关法律，《排污许可管理条例》等行政法规和 HJ 819、HJ 1250 等规定制定监测方案，对贮存设施污染物排放状况开展自行监测，保存原始监测记录，并公布监测结果。

（3）贮存设施废水污染物排放的监测方法和监测指标应符合国家相关标准要求。

（4）HJ 1259 规定的危险废物环境重点监管单位贮存设施地下水环境监测点布设应符合 HJ 164 要求，监测因子应根据贮存废物的特性选择具有代表性且能表征危险废物特性的指标，地下水监测因子分析方法按照 GB/T 14848 执行。

（5）配有收集净化系统的贮存设施大气污染物排放的监测采样应按 GB/T 16157、HJ/T 397、HJ 732 的规定执行。

（6）贮存设施无组织气体排放监测因子应根据贮存废物的特性选择具有代表性且能表征危险废物特性的指标；采样点布设、采样及监测方法可按照 HJ/T 55 的规定执行，VOCs 的无组织排放监测还应符合 GB 37822 的规定。

（7）贮存设施恶臭气体的排放监测应符合 GB 14554、HJ 905 的规定。

9. 环境应急要求

（1）贮存设施所有者或运营者应按照国家有关规定编制突发环境事件应急预案，定期开展必要的培训和环境应急演练，并做好培训、演练记录。

（2）贮存设施所有者或运营者应配备满足其突发环境事件应急要求的应急人员、装备和物资，并应设置应急照明系统。

（3）相关部门发布自然灾害或恶劣天气预警后，贮存设施所有者或运营者应启动相应防控措施，若有必要可将危险废物转移至其他具有防护条件的地点贮存。

（八）危险废物的运输

（1）危险废物运输应由持有危险废物经营许可证的单位按照其许可证的经营范围组织实施承担危险废物运输的单位应获得交通运输部门颁发的危险货物运输

资质。

（2）危险废物公路运输应按照《危险货物道路运输安全管理办法》及《危险货物道路运输规则》（JT/T 617）规定执行；危险废物铁路运输应按照《铁路危险货物运输安全监督管理规定》执行；危险废物水路运输应按照《船舶载运危险货物安全监督管理规定》执行。

（3）废弃危险化学品的运输应执行《危险化学品安全管理条例》有关运输的规定。

（4）运输单位承运危险废物时，应在危险废物包装上按照 GB 18597 附录 A 设置标志，其中医疗废物包装容器上的标志应按 HJ 421 要求设置。

（5）危险废物公路运输时，运输车辆应按 GB 13392 设置车辆标志。铁路运输和水路运输危险废物时应在集装箱外按 GB 190 规定悬挂标志。

（6）危险废物运输时的中转、装卸过程应遵守以下技术要求：

a）卸载区的工作人员应熟悉废物的危险特性，并配备适当的个人防护装备，装卸剧毒废物应配备特殊的防护装备；

b）卸载区应配备必要的消防设备和设施，并设置明显的指示标志；

c）危险废物装卸区应设置隔离设施，液态废物卸载区应设置收集槽和缓冲罐。

（九）应急管理

产生、收集、贮存、运输、利用、处置危险废物的企业，应编制突发环境事件应急预案，向所在地县级以上地方人民政府环境保护行政主管部门备案，并留有备案证明。每年至少开展一次应急预案演练，每 3 年更新应急预案并重新备案，且应当对本企业全体人员进行培训。

五、典型案例

湖南省郴州市曹某军等跨省非法处置危险废物案

2022 年 6 月 18 日，湖南省郴州市生态环境局安仁分局（以下简称安仁分局）接群众反映称，安仁县某村渡槽边有废液倾倒痕迹。执法人员立即赴现场调查，发现渡槽下游灌溉渠及上游涵洞处水体呈黄色，同时，在涵洞上游的水渠岸边发现了 3 处倾倒废液痕迹，地面草木被腐蚀，采样检测发现渡槽的水中铅、铊超标。安仁分局立即启动了应急处置程序，抽取废水，清理灌溉渠受污染污泥和倾倒处受污染土壤，防止其对下游灌溉水造成污染。安仁分局、安仁县公安局和安仁县人民检察院随即组建联合调查组，利用天网信息平台和实地走访，精准锁定非法倾倒废液的 2 辆皮卡车，找到了实施非法倾倒废液的人员曹某军、曹某清、黄某豪和黄某军。

经查，曹某军收购大量危险废物作为冶炼原料，在其住宅后院从事非法冶炼金、银等贵金属。曹某军明知曹某清、黄某豪和黄某军未办理危险废物经营许可证、没有相关废液处理资质和能力的情况下，仍将冶炼废液委托该 3 人非法处置。2022 年 6 月 6—17 日，曹某清等多次将非法冶炼废液约 4 t（经鉴定为危险废物）直接倾倒于安仁县龙海镇茨冲村砂石厂附近的渡槽内。

联合调查组深度研判，逐步摸清了该犯罪链条上下游人员的基本情况以及作案规律。在广州、苏州、浏阳等地的中国工商银行、市场监督管理局以及生态环境、公安等部门的通力协作配合下，通过提取、分析数百个关系人的基础信息、银行流水和行动轨迹，跨越 3 省 6 市抵近侦查，精准锁定了常某雷、黄某华、侯某辉、罗某权和罗某煌 5 名上游倒卖人员（为曹某军非法提供危险废物货源）。2022 年 7 月—2023 年 4 月，执法人员分别从湖南郴州、浏阳，广东广州、揭阳，江苏昆山、苏州抓获涉案犯罪嫌疑人 7 名，另黄某军在逃，罗某煌另案处理。经公安、检察、生态环境等多部门循线深挖，查明 2020 年以来，常某雷等 5 人明知曹某军未办理危险废物经营许可证的情况下，仍将非法收购的价值 1 294 万元的废电路板、废旧电子元件、废旧三元催化器粉末等危险废物转卖给曹某军，供其非法冶炼。

根据《中华人民共和国刑法》第三百三十八条、《最高人民法院　最高人民检察院关于办理环境污染刑事案件适用法律若干问题的解释》（法释〔2016〕29 号）第三条第（二）项的规定，曹某军等非法收集、贮存、运输、处置、倾倒危险废物的行为涉嫌污染环境罪。

2022 年 6 月 25 日，安仁分局将该案件线索和证据移送郴州市安仁县森林公安局刑事立案。2023 年 5 月 24 日，安仁县人民法院对曹某军等 7 名犯罪嫌疑人以污染环境罪依法分别判处十一个月至三年不等有期徒刑，没收全部违法所得，并处8万元至40万元不等罚金。经诉前磋商，当事人主动履行生态环境损害赔偿义务，缴纳生态环境损害费85万元。

第六节 噪声污染防治

一、主要相关法律法规

（1）《中华人民共和国环境保护法》；

（2）《中华人民共和国噪声污染防治法》。

二、噪声污染防治要求

《中华人民共和国噪声污染防治法》第二条规定：本法所称噪声，是指在工业生产、建筑施工、交通运输和社会生活中产生的干扰周围生活环境的声音。

本法所称噪声污染，是指超过噪声排放标准或者未依法采取防控措施产生噪声，并干扰他人正常生活、工作和学习的现象。

《中华人民共和国噪声污染防治法》第九条规定：任何单位和个人都有保护声环境的义务，同时依法享有获取声环境信息、参与和监督噪声污染防治的权利。

排放噪声的单位和个人应当采取有效措施，防止、减轻噪声污染。

《中华人民共和国噪声污染防治法》第二十二条规定：排放噪声、产生振动，应当符合噪声排放标准以及相关的环境振动控制标准和有关法律、法规、规章的要求。

排放噪声的单位和公共场所管理者，应当建立噪声污染防治责任制度，明确负责人和相关人员的责任。

《中华人民共和国噪声污染防治法》第二十四条规定：新建、改建、扩建可能产生噪声污染的建设项目，应当依法进行环境影响评价。

《中华人民共和国噪声污染防治法》第二十五条规定：建设项目的噪声污染防治设施应当与主体工程同时设计、同时施工、同时投产使用。

建设项目在投入生产或者使用之前，建设单位应当依照有关法律法规的规定，对配套建设的噪声污染防治设施进行验收，编制验收报告，并向社会公开。未经验收或者验收不合格的，该建设项目不得投入生产或者使用。

《中华人民共和国噪声污染防治法》第二十六条规定：建设噪声敏感建筑物，应当符合民用建筑隔声设计相关标准要求，不符合标准要求的，不得通过验收、交付使用；在交通干线两侧、工业企业周边等地方建设噪声敏感建筑物，还应当按照规定间隔一定距离，并采取减少振动、降低噪声的措施。

《中华人民共和国噪声污染防治法》第三十四条规定：本法所称工业噪声，是指在工业生产活动中产生的干扰周围生活环境的声音。

《中华人民共和国噪声污染防治法》第三十五条规定：工业企业选址应当符合国土空间规划以及相关规划要求，县级以上地方人民政府应当按照规划要求优化工业企业布局，防止工业噪声污染。

在噪声敏感建筑物集中区域，禁止新建排放噪声的工业企业，改建、扩建工业企业的，应当采取有效措施防止工业噪声污染。

《中华人民共和国噪声污染防治法》第三十六条规定：排放工业噪声的企业事业单位和其他生产经营者，应当采取有效措施，减少振动、降低噪声，依法取得排污许可证或者填报排污登记表。

实行排污许可管理的单位，不得无排污许可证排放工业噪声，并应当按照排污许可证的要求进行噪声污染防治。

《中华人民共和国噪声污染防治法》第三十七条规定：设区的市级以上地方人民政府生态环境主管部门应当按照国务院生态环境主管部门的规定，根据噪声排放、声环境质量改善要求等情况，制定本行政区域噪声重点排污单位名录，向社会公开并适时更新。

《中华人民共和国噪声污染防治法》第三十八条规定：实行排污许可管理的单位应当按照规定，对工业噪声开展自行监测，保存原始监测记录，向社会公开监测结果，对监测数据的真实性和准确性负责。

噪声重点排污单位应当按照国家规定，安装、使用、维护噪声自动监测设备，与生态环境主管部门的监控设备联网。

《中华人民共和国噪声污染防治法》第三十九条规定：本法所称建筑施工噪声，是指在建筑施工过程中产生的干扰周围生活环境的声音。

《中华人民共和国噪声污染防治法》第四十条规定：建设单位应当按照规定将噪声污染防治费用列入工程造价，在施工合同中明确施工单位的噪声污染防治责任。

施工单位应当按照规定制定噪声污染防治实施方案，采取有效措施，减少振动、降低噪声。建设单位应当监督施工单位落实噪声污染防治实施方案。

《中华人民共和国噪声污染防治法》第四十一条规定：在噪声敏感建筑物集中区域施工作业，应当优先使用低噪声施工工艺和设备。

国务院工业和信息化主管部门会同国务院生态环境、住房和城乡建设、市场监督管理等部门，公布低噪声施工设备指导名录并适时更新。

《中华人民共和国噪声污染防治法》第四十二条规定：在噪声敏感建筑物集中区域施工作业，建设单位应当按照国家规定，设置噪声自动监测系统，与监督管理部门联网，保存原始监测记录，对监测数据的真实性和准确性负责。

《中华人民共和国噪声污染防治法》第四十三条规定：在噪声敏感建筑物集中区域，禁止夜间进行产生噪声的建筑施工作业，但抢修、抢险施工作业，因生产工艺要求或者其他特殊需要必须连续施工作业的除外。

因特殊需要必须连续施工作业的，应当取得地方人民政府住房和城乡建设、生态环境主管部门或者地方人民政府指定的部门的证明，并在施工现场显著位置公示或者以其他方式公告附近居民。

《关于开展工业噪声排污许可管理工作的通知》（环办环评〔2023〕14 号）规定：

（一）工作目标

依法逐步将排放工业噪声的企业事业单位和其他经营者（以下简称排污单位）纳入排污许可管理，推动排污单位申请取得排污许可证或者填报排污登记表，在“十四五”期间将工业噪声依法全部纳入排污许可证管理。

（二）实施范围

按照《国民经济行业分类》（GB/T 4754）属于工业行业（行业门类为B、C、D）的，且依据《固定污染源排污许可分类管理名录（2019年版）》（以下简称《名录》）属于第3～99类应当纳入排污许可管理的排污单位。

属于《名录》第3～99类之外或者《名录》未作规定但确需纳入排污许可管理的排污单位，省级生态环境主管部门可根据《名录》第八条的规定，提出其工业噪声排污许可管理建议，报我部确定。

（三）适用标准

排污单位排污许可证的申请与核发适用《排污许可证申请与核发技术规范 工业噪声》（HJ 1301—2023）（以下简称《工业噪声技术规范》）的要求。

（四）实施方式

对于本通知发布后首次申请排污许可证的排污单位，应按照相关行业排污许可证申请与核发技术规范和《工业噪声技术规范》申请取得排污许可证，在排污许可证中一并记载工业噪声排污许可管理事项。

对于本通知发布前已经申请取得排污许可证的排污单位，应于2025年前完成工业噪声纳入排污许可证管理相关工作，可在排污许可证有效期届满或由于其他原因需要重新申请、变更排污许可证时，依据《工业噪声技术规范》，通过重新申请增加工业噪声排污许可管理事项。工业噪声排污许可管理事项可采用活页方式增加到排污许可证中，并在活页处加盖排污许可证审批部门公章。

对于纳入排污登记的排污单位，本通知发布后首次进行排污登记的，排污登记表中工业噪声管理相关内容应填报完整；本通知发布前已经进行排污登记的，待排污登记表延续或变更时增加工业噪声管理相关内容。

（五）排污许可证内容

排污单位重新申请排污许可证时，可通过全国排污许可证管理信息平台或信函等方式提交工业噪声排污许可证申请表。排污许可证审批部门应依法对符合条件的排污单位颁发排污许可证，并在排污许可证中记载产噪单元及编号、主要产噪设施及数量、主要噪声污染防治设施及数量、厂界外声环境功能区类别、生产时段、工业噪声许可排放限值、自行监测要求以及环境管理台账记录、排污许可证执行报告编制、信息公开等要求。

三、典型案例

淮安市某电力设备公司工业噪声超标排放案

根据群众举报，淮安市生态环境综合行政执法局执法人员于2023年4月3日赴某钢铁厂开展执法检查。经查，该电力设备公司承揽了该钢铁厂锅炉大修工程，该电力设备公司正在进行打靶作业，产生的噪声较大。执法人员委托第三方监测公司对厂界开展噪声监测，根据检测报告，厂界噪声最高达88.4 dB（A），超过《工业企业厂界环境噪声排放标准》（GB 12348—2008）表1中3类功能区昼间65 dB（A）的标准。

该电力设备公司超标排放工业噪声的行为违反了《中华人民共和国噪声污染防治法》第二十二条第一款的相关规定，依据《中华人民共和国噪声污染防治法》第七十五条的相关规定，同时结合《江苏省生态环境行政处罚裁量基准规定》，淮安市生态环境局责令该电力设备公司立即改正违法行为，并处罚款。

第七节　土壤污染防治

一、主要相关法律法规

（1）《中华人民共和国土壤污染防治法》；

（2）《国务院关于印发土壤污染防治行动计划的通知》（国发〔2016〕31号）；

（3）《污染地块土壤环境管理办法》；

（4）《工矿用地土壤环境管理办法（试行）》；

（5）《国务院关于印发土壤污染防治行动计划的通知》（国发〔2016〕31号）（2016年5月28日）。

二、建设用地土壤污染状况调查

（一）土壤污染状况调查范围

对土壤污染状况普查、详查和监测、现场检查表明有土壤污染风险的建设用地地块，地方人民政府生态环境主管部门应当要求土地使用权人按照规定进行土壤污染状况调查。

用途变更为住宅、公共管理与公共服务用地的，变更前应当按照规定进行土壤污染状况调查。

土壤污染重点监管单位生产经营用地的用途变更或者在其土地使用权收回或者转让前，应当由土地使用权人按照规定进行土壤污染状况调查。土壤污染状况调查报告应当作为不动产登记资料送交地方人民政府不动产登记机构，并报地方人民政府生态环境主管部门备案。

（二）土壤污染状况调查工作程序

土壤污染状况调查分为 3 个阶段，调查的工作内容与程序如图 2-5 所示。

1. 第一阶段土壤污染状况调查

第一阶段土壤污染状况调查是以资料收集与分析、现场踏勘和人员访谈为主的污染识别阶段，原则上不进行现场采样分析。若第一阶段调查确认地块内及周围区域当前和历史上均无可能的污染源，则认为地块的环境状况可以接受，调查活动可以结束。

2. 第二阶段土壤污染状况调查

第二阶段土壤污染状况调查是以采样与分析为主的污染证实阶段。若第一阶段土壤污染状况调查表明地块内或周围区域存在可能的污染源，如化工厂、农药厂、冶炼厂、加油站、化学品储罐、固体废物处理等可能产生有毒有害物质的设施或活动；以及由于资料缺失等原因造成无法排除地块内外存在污染源时，进行第二阶段土壤污染状况调查，确定污染物种类、浓度（程度）和空间分布。

第二阶段土壤污染状况调查通常可以分为初步采样分析和详细采样分析两步进行，每步均包括制定工作计划、现场采样、数据评估与结果分析等步骤。初步采样分析和详细采样分析均可根据实际情况分批次实施，逐步减少调查的不确定性。

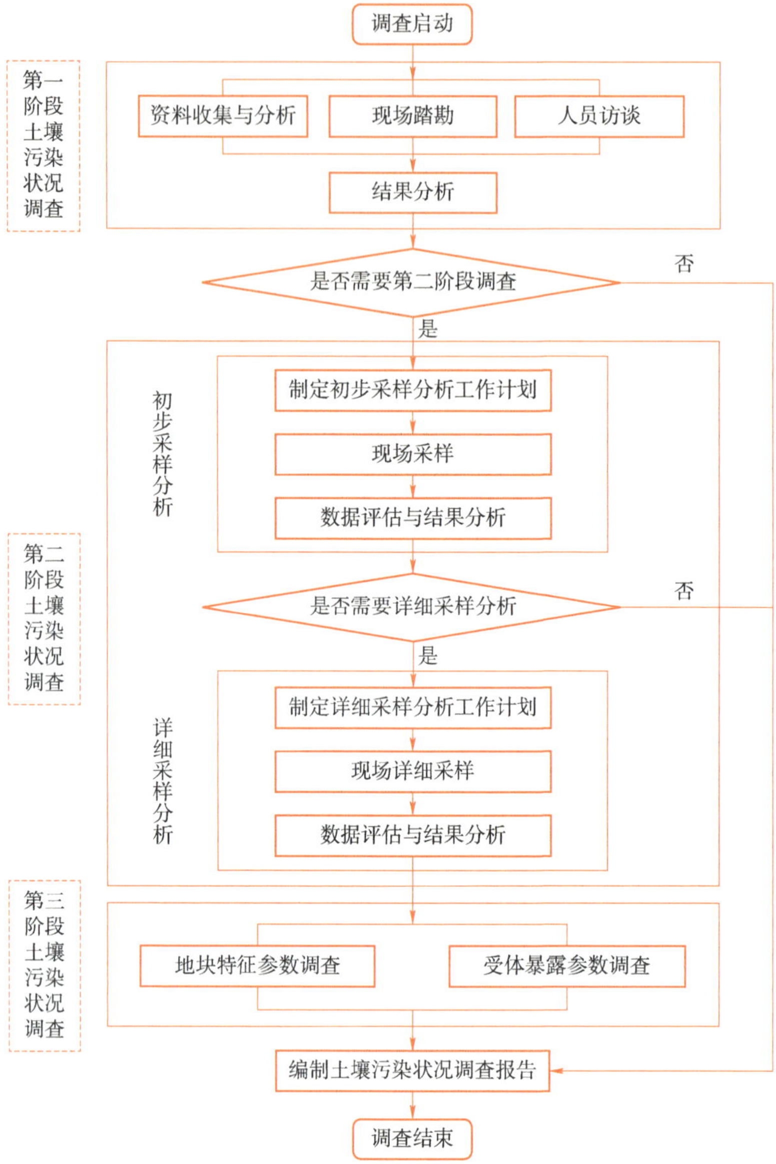

图 2–5 土壤污染状况调查的工作内容与程序

根据初步采样分析结果，如果污染物浓度均未超过 GB 36600 等国家和地方相关标准以及清洁对照点浓度（有土壤环境背景的无机物），并且经过不确定性分析确认不需要进行调查后，第二阶段土壤污染状况调查工作可以结束；否则认为可能存在环境风险，须进行详细调查。标准中没有涉及的污染物，可根据专业知识和经验综合判断。详细采样分析是在初步采样分析的基础上，进一步采样和分析，确定土壤污染程度和范围。

3. 第三阶段土壤污染状况调查

第三阶段土壤污染状况调查以地块特征参数调查和受体暴露参数调查为主，获得满足风险评估及土壤和地下水修复所需的参数。本阶段的调查工作可单独进行，也可在第二阶段调查过程中同时开展。

（三）第一阶段土壤污染状况调查

1. 资料收集与分析

（1）资料的收集主要包括地块利用变迁资料、地块环境资料、地块相关记录、有关政府文件以及地块所在区域的自然和社会信息。当调查地块与相邻地块存在相互污染的可能时，须调查相邻地块的相关记录和资料。

（2）资料的分析。调查人员应根据专业知识和经验识别资料中的错误和不合理的信息，如资料缺失影响判断地块污染状况时，应在报告中说明。

2. 现场踏勘

（1）安全防护准备。在现场踏勘前，根据地块的具体情况掌握相应的安全卫生防护知识，并装备必要的防护用品。

（2）现场踏勘的范围。以地块内为主，并应包括地块的周围区域，周围区域的范围应由现场调查人员根据污染可能迁移的距离来判断。

（3）现场踏勘的主要内容。现场踏勘的主要内容包括地块的现状与历史情况，相邻地块的现状与历史情况，周围区域的现状与历史情况，区域的地质、水文地质和地形的描述等。

（4）现场踏勘的重点。重点踏勘对象一般包括：有毒有害物质的使用、处理、储存、处置；生产过程和设备，储槽与管线；恶臭、化学品味道和刺激性气味，污染和腐蚀的痕迹；排水管或渠、污水池或其他地表水体、废物堆放地、井等。

同时，应该观察和记录地块及周围是否有可能受污染物影响的居民区、学校、医院、饮用水源保护区以及其他公共场所等，并在报告中明确其与地块的位置关系。

（5）现场踏勘的方法。可通过对异常气味的辨识、摄影和照相、现场笔记等方式初步判断地块污染的状况踏勘期间，可以使用现场快速测定仪器。

3. 人员访谈

（1）访谈内容。应包括资料收集和现场踏勘所涉及的疑问，以及信息补充和已有资料的考证。

（2）访谈对象。受访者为地块现状或历史的知情人，应包括地块管理机构和地方政府工作人员，生态环境保护主管部门的相关工作人员，地块过去和现在各阶段的使用者，以及地块所在地或熟悉地块的第三方，如相邻地块的工作人员和附近的居民。

（3）访谈方法。可采取当面交流、电话交流、电子或书面调查表等方式进行。

（4）内容整理。应对访谈内容进行整理，并对照已有资料，对其中可疑处和不完善处进行核实和补充，作为调查报告的附件。

4. 结论与分析

本阶段调查结论应明确地块内及周围区域有无可能的污染源，并进行不确定性分析。若有可能的污染源，应说明可能的污染类型、污染状况和来源，并应提出第二阶段土壤污染状况调查的建议。

（四）第二阶段土壤污染状况调查

1. 制定初步采样分析工作计划

根据第一阶段土壤污染状况调查的情况制定初步采样分析工作计划，内容包括核查已有信息、判断污染物的可能分布、制定采样方案、制定健康和安全防护计划、制定样品分析方案和确定质量保证和质量控制程序等任务。

（1）核查已有信息。对已有信息进行核查，包括第一阶段土壤污染状况调查中重要的环境信息，如土壤类型和地下水埋深；查阅污染物在土壤、地下水、地表水或地块周围环境的可能分布和迁移信息；查阅污染物排放和泄漏的信息。应核查上述信息的来源，以确保其真实性和适用性。

（2）判断污染物的可能分布。根据地块的具体情况、地块内外的污染源分布、水文地质条件以及污染物的迁移和转化等因素，判断地块污染物在土壤和地下水中的分布，为制定采样方案提供依据。

（3）制定采样方案。采样方案一般包括采样点的布设、样品数量、样品的采集方法、现场快速检测方法，样品收集、保存、运输和储存等要求。

（4）制定健康和安全防护计划。根据有关法律法规和工作现场的实际情况，制定地块调查人员的健康和安全防护计划。

（5）制定样品分析方案。检测项目应根据保守性原则，按照第一阶段调查确定的地块内外港在污染源和污染物，依据国家和地方相关标准中的基本项目要求，同时考虑污染物的迁移转化，判断样品的检测分析项目，对于不能确定的项目，可选取潜在典型污染样品进行筛选分析。一般工业地块可选择的检测项目有重金属、挥发性有机物、半挥发性有机物、氰化物和石棉等。如土壤和地下水明显异常而常规检测项目无法识别时，可进一步结合色谱－质谱定性分析等手段对污染物进行分析，筛选判断非常规的特征污染物，必要时可采用生物毒性测试方法进行筛选判断。

（6）确定质量保证和质量控制程序。现场质量保证和质量控制措施应包括：防止样品污染的工作程序，运输空白样分析，现场平行样分析，采样设备清洗空白样分析，采样介质对分析结果影响分析，以及样品保存方式和时间对分析结果的影响分析等。

2. 制定详细采样分析工作计划

在初步采样分析的基础上制定详细采样分析工作计划。详细采样分析工作计划主要包括：评估初步采样分析工作计划和结果，制定采样方案，以及制定样品分析方案等。

（1）评估初步采样分析工作计划和结果。分析初步采样获取的地块信息，主要包括土壤类型、水文地质条件、现场和实验室检测数据等；初步确定污染物种类、程度和空间分布；评估初步采样分析的质量保证和质量控制。

（2）制定采样方案。根据初步采样分析的结果，结合地块分区，制定采样方案。应采用系统布点法加密布设采样点。对于需要划定污染边界范围的区域，采样单元面积不大于 1 600 m^2（40 m × 40 m 网格）。垂直方向采样深度和间隔根据初步采样的结果判断。

（3）制定样品分析方案。根据初步调查结果，制定样品分析方案。样品分析项目以已确定的地块关注污染物为主。

（4）其他。详细采样工作计划中的其他内容可在初步采样分析计划的基础上制定，并针对初步采样分析过程中发现的问题，对采样方案和工作程序等进行相应调整。

3. 现场采样

（1）采样前的准备。现场采样应准备的材料和设备包括定位仪器、现场探测设备、调查信息记录装备、监测井的建井材料、土壤和地下水取样设备、样品的保存装置和安全防护装备等。

（2）定位和探测。采样前，可采用卷尺、GPS 卫星定位仪、经纬仪和水准仪等工具在现场确定采样点的具体位置和地面标高，并在图中标出。可采用金属探测器或探地雷达等设备探测地下障碍物，确保采样位置避开地下电缆、管线、沟、槽等地下障碍物。采用水位仪测量地下水水位，采用油水界面仪探测地下水非水相液体。

（3）现场检测。可采用便携式有机物快速测定仪、重金属快速测定仪、生物毒性测试等现场快速筛选技术手段进行定性或定量分析，可采用直接贯入设备现场连续测试地层和污染物垂向分布情况，也可采用土壤气体现场检测手段和地球物理手段初步判断地块污染物及其分布，指导样品采集及监测点位布设。

（4）土壤样品采集。土壤样品分表层土壤和下层土壤。下层土壤的采样深度应考虑污染物可能释放和迁移的深度（如地下管线和储槽埋深）、污染物性质、土壤的质地和孔隙度、地下水位和回填土等因素。可利用现场探测设备辅助判断采样深度。

采集含挥发性污染物的样品时，应尽量减少对样品的扰动，严禁对样品进行均质化处理。

土壤样品采集后，应根据污染物理化性质等，选用合适的容器保存。

土壤采样时应进行现场记录，主要内容包括样品名称和编号、气象条件、采样时间、采样位置、采样深度、样品质地、样品的颜色和气味、现场检测结果以及采样人员等。

（5）地下水水样采集。地下水采样一般应建地下水监测井。监测井的建设过程分为设计、钻孔、过滤管和井管的选择和安装、滤料的选择和装填，以及封闭和固定等。所用的设备和材料应清洗除污，建设结束后需及时进行洗井。

（6）其他注意事项。现场采样时，应避免采样设备及外部环境等因素污染样品，采取必要措施避免污染物在环境中扩散。

（7）样品追踪管理。应建立完整的样品追踪管理程序，内容包括样品的保存、运输和交接等过程的书面记录和责任归属，避免样品被错误放置、混淆及保存过期。

4. 数据评估与结果分析

（1）实验室检测分析。委托有资质的实验室进行样品检测分析。

（2）数据评估。整理调查信息和检测结果，评估检测数据的质量，分析数据的有效性和充分性，确定是否需要补充采样分析等。

（3）结果分析。根据土壤和地下水检测结果进行统计分析，确定地块关注污染物种类、浓度水平和空间分布。

（五）第三阶段土壤污染状况调查

1. 主要工作内容

主要工作内容包括地块特征参数和受体暴露参数的调查。

（1）地块特征参数包括：不同代表位置和土层或选定土层的土壤样品的理化性质分析数据，如土壤 pH、容重、有机碳含量、含水率和质地等，地块（所在地）气候、水文、地质特征信息和数据，如地表年平均风速和水力传导系数等。根据风险评估和地块修复实际需要，选取适当的参数进行调查。

（2）受体暴露参数包括地块及周边地区土地利用方式、人群及建筑物等相关信息。

2. 调查方法

地块特征参数和受体暴露参数的调查可采用资料查询、现场实测和实验室分析测试等方法。

3. 调查结果

该阶段的调查结果供地块风险评估、风险管控和修复使用。

三、土壤污染隐患排查

重点监管单位为保证持续有效防止重点场所或者重点设施设备发生有毒有害物质渗漏、流失、扬散造成土壤污染，须依法自行组织开展土壤污染隐患排查。

（一）相关定义

1. 土壤污染重点监管单位

是指设区的市级以上地方人民政府生态环境主管部门按照国务院生态环境主管部门的规定，根据有毒有害物质排放等情况，确定纳入本行政区域土壤污染重点监管单位名录的单位。

2. 土壤污染隐患

是指重点监管单位某一特定场所或者设施设备存在发生有毒有害物质渗漏、流失、扬散的风险，可能对土壤造成污染。

3. 土壤污染隐患排查制度

是指重点监管单位为保障土壤污染隐患排查工作有效实施而建立的一种管理制度，包括建立相应机构和人员队伍、确定组织实施形式，制定并实施排查工作计划，制定并实施隐患整改方案，建立隐患排查档案并按要求保存和上报等。

4. 有毒有害物质

（1）列入《中华人民共和国水污染防治法》规定的有毒有害水污染物名录的污染物；

（2）列入《中华人民共和国大气污染防治法》规定的有毒有害大气污染物名录的污染物；

（3）《中华人民共和国固体废物污染环境防治法》规定的危险废物；

（4）国家和地方建设用地土壤污染风险管控标准管控的污染物；

（5）列入优先控制化学品名录内的物质；

（6）其他根据国家法律法规有关规定应当纳入有毒有害物质管理的物质。

（二）土壤隐患排查总体要求

重点监管单位是土壤污染隐患排查工作的实施主体，应建立隐患排查组织领导机构，配备相应的管理和技术人员，可根据自身技术能力情况，自行组织开展排查，或者委托相关技术单位协助完成排查。

重点监管单位原则上应在本指南发布后 1 年内，以厂区为单位开展一次全面、系统的土壤污染隐患排查，新增重点监管单位应在纳入土壤污染重点监管单位名录后 1 年内开展。之后，原则上针对生产经营活动中涉及有毒有害物质的场所、设施设备，每 2～3 年开展一次排查。重点监管单位可结合行业特点和生产实际，优化调整排查频次和排查范围。对于新建、改建、扩建项目，应在投产后 1 年内开展补充排查。

重点监管单位开展土壤和地下水自行监测结果存在异常的，应及时开展土壤污染隐患排查。

生态环境部门现场检查发现存在有毒有害物质渗漏、流失、扬散等污染土壤风险的，可要求重点监管单位及时开展土壤污染隐患排查，重点监管单位应按照本指南要求开展排查。

（三）土壤隐患排查工作程序和要点

土壤隐患排查一般包括确定排查范围、开展现场排查、落实隐患整改、档案建立与应用等。

（1）确定排查范围。通过资料收集、人员访谈，确定重点场所和重点设施设备，即可能或易发生有毒有害物质渗漏、流失、扬散的场所和设施设备。

（2）开展现场排查。土壤污染隐患取决于土壤污染预防设施设备（硬件）和管理措施（软件）的组合。针对重点场所和重点设施设备，排查土壤污染预防设施设备的配备和运行情况，有关预防土壤污染管理制度建立和执行情况，分析判断是否能有效防止和及时发现有毒有害物质渗漏、流失、扬散，并形成隐患排查台账。

（3）落实隐患整改。根据隐患排查台账，制定整改方案，针对每个隐患提出具体整改措施以及计划完成时间。整改方案应包括必要的设施设备提标改造或者管理整改措施。重点监管单位应按照整改方案进行隐患整改，形成隐患整改台账。

（4）档案建立与应用。隐患排查活动结束后，应建立隐患排查档案并存档备查。隐患排查成果可用于指导重点监管单位优化土壤和地下水自行监测点位布设等相关工作。

（四）土壤隐患排查具体工作内容

1. 确定排查范围

（1）资料收集。主要收集重点监管单位基本信息、生产信息、环境管理信息等，并梳理有毒有害物质信息清单。

（2）人员访谈。必要时，可与各个生产车间主要负责人员、环保管理人员以及主要工程技术人员等进行访谈，补充了解企业生产、环境管理等相关信息，包括设施设备运行管理，固体废物管理、化学品泄漏、环境应急物资储备等情况。

（3）确定排查重点场所或者重点设施设备清单。识别涉及有毒有害物质的重点场所或者重点设施设备，编制土壤污染隐患重点场所、重点设施设备清单。若邻近的多个重点设施设备防渗漏、流失、扬散的要求相同，可合并为一个重点场所。

2. 开展现场排查

（1）排查技术要求。重点监管单位应当结合生产实际开展排查，重点排查：

a）重点场所和重点设施设备是否具有基本的防渗漏、流失、扬散的土壤污染预防功能（如具有腐蚀控制及防护的钢制储罐；设施能防止雨水进入，或者能及时有效排出雨水），以及有关预防土壤污染管理制度建立和执行情况。

b）在发生渗漏、流失、扬散的情况下，是否具有防止污染物进入土壤的设施，包括普通阻隔设施、防滴漏设施（如原料桶采用托盘盛放），以及防渗阻隔系统等。

c）是否有能有效、及时发现并处理泄漏、渗漏或者土壤污染的设施或者措施。如泄漏检测设施、土壤和地下水环境定期监测、应急措施和应急物资储备等。普通阻隔设施需要更严格的管理措施，防渗阻隔系统需要定期检测防渗性能。

（2）编制隐患排查报告。排查完成后，重点监管单位应建立隐患排查台账，并编制土壤污染隐患排查报告。

3. 隐患整改

（1）制定隐患整改方案。重点监管单位应依据隐患排查台账，因地制宜制定隐患整改方案，采取设施设备提标改造或者完善管理等措施，并明确整改完成期限，最大限度地降低土壤污染隐患，如在防止渗漏等污染土壤方面，可以加强设施设备的防渗漏性能，也可以加强有二次保护效果的阻隔设施等。在有效、及时发现泄漏、渗漏方面，可以设置泄漏检测设施；如果无法配备泄漏检测设施，可以定期开展地下水或者土壤气监测来代替。

如果在排查过程中发现土壤已经受到污染，应及时采取措施避免污染加重和扩散，并依法开展风险管控或修复。

（2）建立隐患整改台账。重点监管单位应按照整改措施及时进行隐患整改，形成隐患整改台账。

4. 档案建立与应用

隐患排查档案是开展土壤污染状况调查评估和管理部门监管的重要资料，重点监管单位应长期保存。土壤污染隐患排查档案包括但不限于：土壤污染隐患排查报告、定期检查与日常维护记录单、隐患排查台账、隐患整改方案、隐患整改台账等内容。

隐患排查制度建立和落实情况应按照排污许可相关管理办法要求，纳入排污许可证年度执行报告上报。

第八节　碳排放管理

一、主要相关法律法规

（1）《碳排放权交易管理办法（试行）》；

（2）《温室气体自愿减排交易管理办法（试行）》；

（3）《企业温室气体排放核算与报告指南　发电设施》（环办气候函〔2022〕485 号）。

二、碳排放核算

企业碳排放数据质量是全国碳排放管理以及碳市场健康发展的重要基础，是维护市场信用信心和国家政策公信力的底线和生命线。

为满足应对气候变化国际履约要求，支撑实现我国提出的控制温室气体排放行动目标，我国在碳排放统计核算方面开展了大量的工作，取得了积极成效。我国建立了重点行业企业碳排放核算报告核查制度，为启动全国碳排放权交易市场奠定了坚实的基础。国家发展改革委陆续发布了24个行业企业温室气体排放核算方法与报告指南，其中，12个已转化成国家标准。机构改革后，“应对气候变化”职能由国家发展改革委调整至生态环境部，生态环境部印发和修订了发电设施核算指南，组织开展发电、石化、化工、建材、钢铁、有色、造纸、航空等重点排放行业企业的碳排放核算报告工作。

碳排放核算工作程序如图2-6所示，主要包括核算边界和排放源确定、数据质量控制计划编制与实施、化石燃料燃烧排放核算、购入使用电力排放核算、生产数据信息获取、排放量计算、定期报告、信息公开和数据质量管理。具体要求详见各行业温室气体排放核算与报告相关指南或标准。

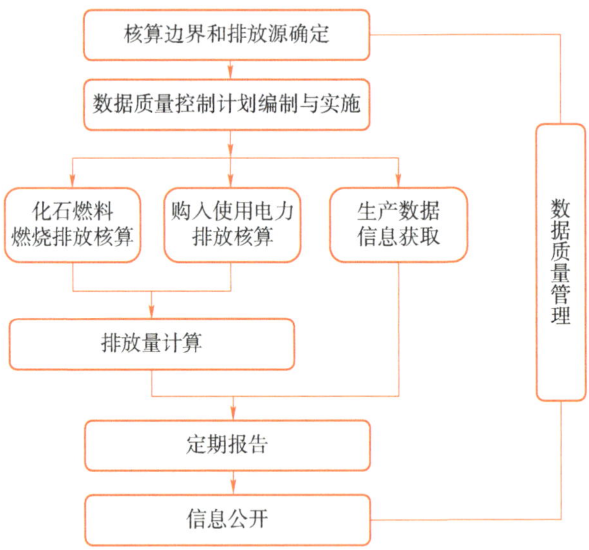

图2-6 碳排放核算工作程序

三、碳排放权交易

全国碳排放权交易市场是通过市场机制控制碳排放的政策工具，是重点排放单位对国家分配的碳排放配额进行交易的市场。纳入全国碳排放权交易市场的重点排放单位包括全国碳排放权交易市场覆盖行业、年度温室气体排放量达到 2.6 万吨二氧化碳当量的排放单位。

全国碳市场的运行主要包括碳排放数据核算、报告与核查，配额分配与清缴，市场交易监管等环节。

纳入市场的重点排放单位需每年核算并报告上一年度碳排放相关数据，并接受政府组织开展的数据核查，核查结果作为重点排放单位配额分配和清缴的依据。

国家在综合考虑重点排放单位生产排放需求、技术水平和国家减排需要的基础上，给予重点排放单位一定的碳排放配额，作为其获得的规定时期内排放额度，该额度可能大于也可能小于重点排放单位的实际排放需求。重点排放单位在获得配额后，可结合自身实际，通过碳市场对配额进行买卖，但需在履约截止日期前，提交不少于自身排放量的配额用于履约。

为保障全国碳市场有效运行，生态环境部组织建立了全国碳排放数据报送与监管系统、全国碳排放权注册登记系统、全国碳排放权交易系统等。数据报送与监管系统记录重点排放单位碳排放相关数据；注册登记系统记录全国碳市场碳排放配额的持有、变更、清缴、注销等信息，并提供结算服务；交易系统保障全国碳市场配额集中统一交易。

四、典型案例

（一）北京某公司篡改伪造检测报告，授意指导企业制作虚假煤样等弄虚作假问题

北京某公司篡改伪造煤质检测报告数据及关键信息，指导企业制作虚假煤样，碳排放报告质量失控，数据造假问题突出。主要问题如下：

一是篡改伪造检测报告。该公司利用可编辑的检测报告模板，篡改内蒙古某

控排企业元素碳含量检测报告的送检日期、检测日期、报告日期、报告编号等重要信息，将集中送检伪造成分月送样、分月检测，并删除了原始检测报告的二维码。篡改部分控排企业元素碳含量检测结果，并编造全水分数据用于折算收到基元素碳检测数据。

二是授意、指导企业制作虚假煤样送检。该公司与控排企业签订的咨询合同中，承诺“在分配方案和核算方法不变的情况下，可为电厂碳排放配额扭亏为盈，实现配额富裕”，明确“指导企业开展2019年和2020年入炉煤元素碳含量检测的采样、制样，并联系检测机构外检”。该公司在明知该企业未留存历史煤样的情况下，仍授意、指导多家控排企业临时制作煤样代替2019年和2020年的月混合煤样补测元素碳含量。

三是碳排放报告编制不实，报告内容失真。该公司编制的碳排放报告存在虚报瞒报燃煤量、供热量、外购电等重要生产数据，参数选用和统计计算错误等问题。碳排放报告质量控制缺失，不审核重要原始数据的真实性和准确性，部分项目存在多套数值不同的生产数据报表和煤质检测报告。

（二）青岛某公司核查程序不合规，核查结论明显失实问题

青岛某公司受地方生态环境部门委托核查控排企业碳排放报告工作程序不合规，核查工作走过场，核查结论明显失实。主要问题如下：

一是核查程序不合规。该公司未落实《企业温室气体排放报告核查指南（试行）》要求，在现场核查时主要是走一走、拍照，未对环评、排污许可等重要文件进行核实，核查工作走过场。核查报告“挂名”现象突出，核查报告签名人员与现场实际核查人员不符。

二是核查结论失实。该公司对控排企业碳排放报告存在的机组“应纳未纳”、检测报告造假、参数选用和计算错误等明显问题视而不见，工作流于形式。在控排企业没有煤质检测原始记录的情况下，虚构核查报告内容，写明已核对原始检测记录。针对企业碳排放报告使用入厂煤数据的情况，出具了“已核对入炉煤数据、确认无误”的结论。明知控排企业在2019年部分时间未检测低位发热量的情况下，仍出具了“企业按照规范方法每日开展监测”的结论，核查报告内容与企业实际情况明显不符。

（三）辽宁省某公司涉嫌编造虚假检测报告问题

辽宁省某公司为集中补测元素碳含量的控排企业出具虚假分月报告，帮助企业规避使用缺省值。主要问题如下：

一是编造虚假检测报告。2020 年以来，该公司为多家集中送检煤样的控排企业分月出具日期虚假的元素碳含量的检测报告，篡改收样日期和检测日期。

二是伪造原始检测记录。伪造碳氢仪原始检测记录、样品检测委托书、样品试样编号记录单、仪器设备使用记录、样品处理台账等原始档案。内部质量控制体系缺失，煤质分析过程合规性、结果真实性难以证实。

第九节　清洁生产审核

一、主要相关法律法规

（1）《中华人民共和国清洁生产促进法》；

（2）《中华人民共和国节约能源法》；

（3）《清洁生产审核办法》（国家发展改革委、环境保护部令 第 38 号）；

（4）《关于进一步加强重点企业清洁生产审核工作的通知》（环发〔2008〕60 号）；

（5）《关于深入推进重点企业清洁生产的通知》（环发〔2010〕54 号）；

（6）《产业结构调整指导目录（2024 年本）》（中华人民共和国国家发展和改革委员会令第 7 号）；

（7）《国家清洁生产先进技术目录（2022）》。

二、清洁生产审核要求

清洁生产审核，是指按照一定程序，对生产和服务过程进行调查和诊断，找出企业能耗高、物耗高、污染重的原因，提出降低能耗、物耗、废物产生以及减少有毒有害物料的使用、产生和废弃物资源化利用的方案，进而选定并实施技术经济及环境可行的清洁生产方案的过程。

清洁生产审核分为自愿性审核和强制性审核。

有下列情形之一的企业，应当实施强制性清洁生产审核：

（1）污染物排放超过国家或者地方规定的排放标准，或者虽未超过国家或者地方规定的排放标准，但超过重点污染物排放总量控制指标的；

（2）超过单位产品能源消耗限额标准构成高耗能的；

（3）使用有毒有害原料进行生产或者在生产中排放有毒有害物质的。

实施强制性清洁生产审核的企业，应当在各省级环境保护主管部门、节能主管部门提出的实施强制性清洁生产审核的企业单位名单公布后一个月内，在当地主要媒体、企业官方网站或采取其他便于公众知晓的方式公布企业相关信息。

《清洁生产审核办法》第八条第（一）款规定实施强制性清洁生产审核的企业，公布的主要信息包括企业名称、法人代表、企业所在地址、排放污染物名称、排放方式、排放浓度和总量、超标及超总量情况。

《清洁生产审核办法》第八条第（二）款规定实施强制性清洁生产审核的企业，公布的主要信息包括企业名称、法人代表、企业所在地址、主要能源品种及消耗量、单位产值能耗、单位产品能耗、超过单位产品能耗限额标准情况。

《清洁生产审核办法》第八条第（三）款规定实施强制性清洁生产审核的企业，公布的主要信息包括企业名称，法人代表，企业所在地址，使用有毒有害原料的名称、数量、用途，排放有毒有害物质的名称、浓度和数量，危险废物的产生和处置情况，依法落实环境风险防控措施情况等。

符合《清洁生产审核办法》第八条两款以上情况的企业，应当参照上述要求同时公布相关信息。

企业应对其公布信息的真实性负责。

列入实施强制性清洁生产审核名单的企业，应当在名单公布后两个月内开展清洁生产审核。

列入《清洁生产审核办法》第八条第（一）款和第（三）款规定实施强制性清洁生产审核的企业，应当在名单公布之日起一年内，完成本轮清洁生产审核并将清洁生产审核报告报当地县级以上环境保护主管部门和清洁生产综合协调部门。

列入《清洁生产审核办法》第八条第（二）款规定实施强制性清洁生产审核的企业，应当在名单公布之日起一年内，完成本轮清洁生产审核并将清洁生产审核报告报当地县级以上节能主管部门和清洁生产综合协调部门。

三、清洁生产审核程序

清洁生产审核程序包括审核准备、预审核、审核、方案的产生和筛选、方案的确定、方案的实施和持续清洁生产等。

1. 审核准备

审核准备是清洁生产审核工作的基础和前提，本阶段工作的目的是使企业管理层和职工对清洁生产的概念和审核方法有基本的理解和认识，克服开展清洁生产工作可能存在的思想障碍；使企业人员了解清洁生产审核工作的内容和要求。主要工作是取得企业领导支持，组建审核小组，制定工作计划，宣传教育，增强意识。工作成果是成立了审核小组，制定了审核工作计划。

2. 预审核

预审核阶段工作的目的是了解企业的现状，发现企业在环境和资源利用效率方面存在的问题和改进的潜力。主要工作是现状调查，现场考察、确定审核重点，设置清洁生产目标和实施无低费方案。工作成果是确定了审核重点，实施了可行的无低费方案。

3. 审核

审核阶段工作的目的是发现审核重点在废弃物产生和资源利用效率方面存在的问题，并找出问题的原因。主要工作是编制审核重点工艺流程图，输入输出物料数据实测，建立物料平衡；利用实测的数据，深入分析废弃物产生的原因；继续产生和实施无低费方案。工作成果是找到了废弃物产生的原因（废弃物产生原因分析结果列表），实施了可行的无低费方案。

4. 方案的产生和筛选

方案的产生和筛选阶段工作的目的是产生清洁生产方案。主要工作是产生方案、分类筛选方案、继续实施无低费方案、统计无低费方案实施的效果、编写中期审核报告。工作成果是清洁生产方案分类汇总表、无低费方案实施效果统计表、中期清洁生产审核报告。

5. 方案的确定

方案的确定阶段工作的目的是为企业领导作出实施方案的决策提供依据。主要工作是收集相关信息和调研，对中高费方案进行技术、环境和经济的可行性分析。工作成果是方案可行性分析结论，推荐实施的中高费方案，并排出方案的实施优先循序。

6. 方案的实施

方案的实施阶段工作的目的是实施可行的清洁生产方案，以取得预期的环境效益和经济效益。主要工作是制定方案实施计划，筹措资金，落实责任部门和人员，实施方案，方案实施效果的评估等。工作成果是方案实施计划和方案实施取得成果统计和评估结论。

7. 持续清洁生产

持续清洁生产阶段工作的目的是使企业的清洁生产工作能够长期开展下去。主要工作是建立清洁生产组织机构，将清洁生产纳入企业的日常管理中，制定清洁生产激励机制，制定持续清洁生产计划。工作成果是清洁生产成为企业的长期发展战略，清洁生产融入企业的各项活动中。

清洁生产审核流程见图 2-7。

四、清洁生产审核方式

清洁生产审核方式主要有两种，一是自行开展，二是委托开展。

自行开展清洁生产审核，但需具备开展清洁生产审核物料平衡测试、能量和水平衡测试的基本检测分析器具、设备或手段；拥有熟悉相关行业生产工艺、技术规程和节能、节水、污染防治管理要求的技术人员。

不具备独立开展清洁生产审核能力的企业，可以聘请外部专家或委托具备相应能力的咨询服务机构协助开展清洁生产审核。

图 2-7　清洁生产审核流程

第十节 突发环境事件应急管理

一、主要相关法律法规

（1）《中华人民共和国突发事件应对法》；

（2）《中华人民共和国环境保护法》；

（3）《中华人民共和国水污染防治法》；

（4）《中华人民共和国大气污染防治法》；

（5）《中华人民共和国固体废物污染环境防治法》；

（6）《中华人民共和国土壤污染防治法》；

（7）《中华人民共和国职业病防治法》；

（8）《中华人民共和国消防法》；

（9）《危险化学品安全管理条例》；

（10）《使用有毒物品作业场所劳动保护条例》；

（11）《中华人民共和国政府信息公开条例》；

（12）《突发事件应急预案管理办法》；

（13）《企业事业单位突发环境事件应急预案备案管理办法（试行）》；

（14）《突发环境事件应急管理办法》；

（15）《企业突发环境事件隐患排查和治理工作指南（试行）》；

（16）《国务院办公厅关于印发国家突发环境事件应急预案的通知》（国办函〔2014〕119号）。

二、环境应急预案制定及备案

突发环境事件，是指由于污染物排放或者自然灾害、生产安全事故等因素，导致污染物或者放射性物质等有毒有害物质进入大气、水体、土壤等环境介质，突然造成或者可能造成环境质量下降，危及公众身体健康和财产安全，或者造成生态环境破坏，或者造成重大社会影响，需要采取紧急措施予以应对的事件。

突发环境事件按照事件严重程度，分为特别重大、重大、较大和一般四级。

突发环境事件应急预案，是指企业为了在应对各类事故和自然灾害时，采取的紧急措施，避免或最大限度减少污染物或其他有毒有害物质进入厂界外大气、水体、土壤等环境介质，而预先制定的工作方案。

1. 突发环境事件应急预案编制步骤

企业按照以下步骤制定环境应急预案：

（1）成立环境应急预案编制组，明确编制组组长和成员，工作任务、编制计划和经费预算。

（2）开展环境风险评估和应急资源调查。环境风险评估包括但不限于分析各类事故衍化规律、自然灾害影响程度，识别环境危害因素，分析与周边可能受影响的居民、单位、区域环境的关系，构建突发环境事件及其后果情景，确定环境风险等级。应急资源调查包括但不限于调查企业第一时间可调用的环境应急队伍、装备、物资、场所等应急资源状况和可请求援助或协议援助的应急资源状况。

（3）编制环境应急预案。按照《企业事业单位突发环境事件应急预案备案管理办法（试行）》第九条要求，合理选择类别，确定内容，重点说明可能突发的环境事件情景下需要采取的处置措施、向可能受影响的居民和单位通报的内容与方式、向环境保护主管部门和有关部门报告的内容与方式，以及与政府预案的衔接方式，形成环境应急预案。在编制过程中，应征求员工和可能受影响的居民和单位代表的意见。

（4）评审和演练环境应急预案。企业组织专家和可能受影响的居民、单位代表对环境应急预案进行评审，开展演练进行检验。评审专家一般应包括环境应急预案涉及的相关政府管理部门人员、相关行业协会代表、具有相关领域经验的人员等。

（5）签署发布环境应急预案。环境应急预案经企业有关会议审议，由企业主要负责人签署发布。

2. 突发环境事件应急预案修订

企业结合环境应急预案实施情况，至少每 3 年对环境应急预案进行一次回顾性评估。有下列情形之一的，及时修订：

（1）面临的环境风险发生重大变化，需要重新进行环境风险评估的；

（2）应急管理组织指挥体系与职责发生重大变化的；

（3）环境应急监测预警及报告机制、应对流程和措施、应急保障措施发生重大变化的；

（4）重要应急资源发生重大变化的；

（5）在突发事件实际应对和应急演练中发现问题，需要对环境应急预案作出重大调整的；

（6）其他需要修订的情况。

对环境应急预案进行重大修订的，修订工作参照环境应急预案制定步骤进行。对环境应急预案个别内容进行调整的，修订工作可适当简化。

3. 突发环境事件应急预案备案

企业突发环境事件应急预案应当在应急预案签署发布之日起 20 个工作日内，向企业所在地县级环境保护主管部门备案。县级环境保护主管部门应当在备案之日起 5 个工作日内将较大和重大环境风险企业的环境应急预案备案文件，报送市级环境保护主管部门，重大的环境风险应急预案需同时报送省级环境保护主管部门。

跨县级以上行政区域的企业环境应急预案，应当向沿线或跨域涉及的县级环境保护主管部门备案。县级环境保护主管部门应当将备案的跨县级以上行政区域企业的环境应急预案备案文件，报送市级环境保护主管部门，跨市级以上行政区域的同时报送省级环境保护主管部门。

省级环境保护主管部门可以根据实际情况，将受理部门统一调整到市级环境保护主管部门。受理部门应及时将企业环境应急预案备案文件报送有关环境保护主管部门。

企业环境应急预案首次备案，现场办理时应当提交下列文件：

（1）突发环境事件应急预案备案表。

（2）环境应急预案及编制说明的纸质文件和电子文件，环境应急预案包括环境应急预案的签署发布文件、环境应急预案文本；编制说明包括编制过程概述、重点内容说明、征求意见及采纳情况说明、评审情况说明。

（3）环境风险评估报告的纸质文件和电子文件。

（4）环境应急资源调查报告的纸质文件和电子文件。

（5）环境应急预案评审意见的纸质文件和电子文件。

受理部门收到企业提交的环境应急预案备案文件后，应当在5个工作日内进行核对。文件齐全的，出具加盖行政机关印章的突发环境事件应急预案备案表。

提交的环境应急预案备案文件不齐全的，受理部门应当责令企业补齐相关文件，并按期再次备案。再次备案的期限，由受理部门根据实际情况确定。

建设单位制定的环境应急预案或者修订的企业环境应急预案，应当在建设项目投入生产或者使用前，按照《企业事业单位突发环境事件应急预案备案管理办法（试行）》第十五条的要求，向建设项目所在地受理部门备案。

受理部门应当在建设项目投入生产或者使用前，将建设项目环境应急预案或者修订的企业环境应急预案备案文件，报送有关环境保护主管部门。

企业环境应急预案有重大修订的，应当在发布之日起20个工作日内向原受理部门变更备案。变更备案按照《企业事业单位突发环境事件应急预案备案管理办法（试行）》第十五条的要求办理。

环境应急预案个别内容进行调整、需要告知环境保护主管部门的，应当在发布之日起20个工作日内以文件形式告知原受理部门。

三、环境隐患排查和治理

企业事业单位应当按照有关规定建立健全环境安全隐患排查治理制度，建立隐患排查治理档案，及时发现并消除环境安全隐患。对于发现后能够立即治理的环境安全隐患，企业事业单位应当立即采取措施，消除环境安全隐患。对于情况复杂、短期内难以完成治理，可能产生较大环境危害的环境安全隐患，应当制定隐患治理方案，落实整改措施、责任、资金、时限和现场应急预案，及时消除隐患。

1. 隐患排查内容

从环境应急管理和突发环境事件风险防控措施两个方面排查可能直接导致或

次生突发环境事件的隐患。

（1）企业突发环境事件应急管理。

a）按规定开展突发环境事件风险评估，确定风险等级情况。

b）按规定制定突发环境事件应急预案并备案情况。

c）按规定建立健全隐患排查治理制度，开展隐患排查治理工作和建立档案情况。

d）按规定开展突发环境事件应急培训，如实记录培训情况。

e）按规定储备必要的环境应急装备和物资情况。

f）按规定公开突发环境事件应急预案及演练情况。

（2）企业突发环境事件风险防控措施。

a）突发水环境事件风险防控措施：

是否设置中间事故缓冲设施、事故应急水池或事故存液池等各类应急池；应急池容积是否满足环评文件及批复等相关文件要求；应急池位置是否合理，是否能确保所有受污染的雨水、消防水和泄漏物等通过排水系统接入应急池或全部收集；是否通过厂区内部管线或协议单位，将所收集的废（污）水送至污水处理设施处理。

正常情况下厂区内涉危险化学品或其他有毒有害物质的各个生产装置、罐区、装卸区、作业场所和危险废物贮存设施（场所）的排水管道（如围堰、防火堤、装卸区污水收集池）接入雨水或清净下水系统的阀（闸）是否关闭，通向应急池或废水处理系统的阀（闸）是否打开；受污染的冷却水和上述场所的墙壁、地面冲洗水和受污染的雨水（初期雨水）、消防水等是否都能排入生产废水处理系统或独立的处理系统；有排洪沟（排洪涵洞）或河道穿过厂区时，排洪沟（排洪涵洞）是否与渗漏观察井、生产废水、清净下水排放管道连通。

雨水系统、清净下水系统、生产废（污）水系统的总排放口是否设置监视及关闭闸（阀），是否设专人负责在紧急情况下关闭总排口，确保受污染的雨水、消防水和泄漏物等全部收集。

b）突发大气环境事件风险防控措施：

企业与周边重要环境风险受体的各类防护距离是否符合环境影响评价文件及

批复的要求；

涉有毒有害大气污染物名录的企业是否在厂界建设针对有毒有害特征污染物的环境风险预警体系；

涉有毒有害大气污染物名录的企业是否定期监测或委托监测有毒有害大气特征污染物；

突发环境事件信息通报机制建立情况，是否能在突发环境事件发生后及时通报可能受到污染危害的单位和居民。

2. 隐患分级

根据可能造成的危害程度、治理难度及企业突发环境事件风险等级，隐患分为重大突发环境事件隐患（以下简称重大隐患）和一般突发环境事件隐患（以下简称一般隐患）。

具有以下特征之一的可认定为重大隐患，除此之外的隐患可认定为一般隐患：

（1）情况复杂、短期内难以完成治理并可能造成环境危害的隐患；

（2）可能产生较大环境危害的隐患，如可能造成有毒有害物质进入大气、水、土壤等环境介质次生较大以上突发环境事件的隐患。

企业应根据前述关于重大隐患和一般隐患的分级原则、自身突发环境事件风险等级等实际情况，制定本企业的隐患分级标准。可以立即完成治理的隐患一般可不判定为重大隐患。

3. 企业隐患排查治理

（1）建立完善隐患排查治理管理机构。

企业应当建立并完善隐患排查管理机构，配备相应的管理人员和技术人员。

（2）建立隐患排查治理制度。

企业应当按照下列要求建立健全隐患排查治理制度：

a）建立隐患排查治理责任制。企业应当建立健全从主要负责人到每位作业人员，覆盖各部门、各单位、各岗位的隐患排查治理责任体系；明确主要负责人对本企业隐患排查治理工作全面负责，统一组织、领导和协调本单位隐患排查治理工作，及时掌握、监督重大隐患治理情况；明确分管隐患排查治理工作的组织机构、责任人和责任分工，按照生产区、储运区或车间、工段等划分排查区域，明确每个区域的责任人，逐级建立并落实隐患排查治理岗位责任制。

b）制定突发环境事件风险防控设施的操作规程和检查、运行、维修与维护等规定，保证资金投入，确保各设施处于正常完好状态。

c）建立自查、自报、自改、自验的隐患排查治理组织实施制度。

d）如实记录隐患排查治理情况，形成档案文件并做好存档。

e）及时修订企业突发环境事件应急预案、完善相关突发环境事件风险防控措施。

f）定期对员工进行隐患排查治理相关知识的宣传和培训。

g）有条件的企业应当建立与企业相关信息化管理系统联网的突发环境事件隐患排查治理信息系统。

（3）明确隐患排查方式和排查频次。

a）企业应当综合考虑企业自身突发环境事件风险等级、生产工况等因素，合理制定年度工作计划，明确排查频次、排查规模、排查项目等内容。

b）根据排查频次、排查规模、排查项目不同，排查可分为综合排查、日常排查、专项排查及抽查等方式。企业应建立以日常排查为主的隐患排查工作机制，及时发现并治理隐患。

综合排查是指企业以厂区为单位开展全面排查，一年应不少于一次。

日常排查是指以班组、工段、车间为单位，组织的对单个或几个项目采取日常的、巡视性的排查工作，其频次根据具体排查项目确定。一个月应不少于一次。

专项排查是在特定时间或对特定区域、设备、措施进行的专门性排查。其频次根据实际需要确定。

企业可根据自身管理流程，采取抽查方式排查隐患。

c）在完成年度计划的基础上，当出现下列情况时，应当及时组织隐患排查：

- 出现不符合新颁布、修订的相关法律、法规、标准、产业政策等情况的；
- 企业有新建、改建、扩建项目的；
- 企业突发环境事件风险物质发生重大变化导致突发环境事件风险等级发

生变化的；

- 企业管理组织应急指挥体系机构、人员与职责发生重大变化的；
- 企业生产废水系统、雨水系统、清净下水系统、事故排水系统发生变化的；
- 企业废水总排口、雨水排口、清净下水排口与水环境风险受体连接通道发生变化的；
- 企业周边大气和水环境风险受体发生变化的；
- 季节转换或发布气象灾害预警、地质地震灾害预报的；
- 敏感时期、重大节假日或重大活动前；
- 突发环境事件发生后或本地区其他同类企业发生突发环境事件的；
- 发生生产安全事故或自然灾害的；
- 企业停产后恢复生产前。

（4）隐患排查治理的组织实施。

a）自查。企业根据自身实际制定隐患排查表，包括所有突发环境事件风险防控设施及其具体位置、排查时间、现场排查负责人（签字）、排查项目现状、是否为隐患、可能导致的危害、隐患级别、完成时间等内容。

b）自报。企业的非管理人员发现隐患应当立即向现场管理人员或者本单位有关负责人报告；管理人员在检查中发现隐患应当向本单位有关负责人报告。接到报告的人员应当及时予以处理。

在日常交接班过程中，做好隐患治理情况交接工作；在隐患治理过程中，明确每一工作节点的责任人。

c）自改。一般隐患必须确定责任人，立即组织治理并确定完成时限，治理完成情况要由企业相关负责人签字确认，予以销号。

重大隐患要制定治理方案，治理方案应包括治理目标、完成时间和达标要求、治理方法和措施、资金和物资、负责治理的机构和人员责任、治理过程中的风险防控和应急措施或应急预案。重大隐患治理方案应报企业相关负责人签发，抄送企业相关部门落实治理。

企业负责人要及时掌握重大隐患治理进度，可指定专门负责人对治理进度进行跟踪监控，对不能按期完成治理的重大隐患，及时发出督办通知，加大治理力度。

d）自验。重大隐患治理结束后企业应组织技术人员和专家对治理效果进行评估和验收，编制重大隐患治理验收报告，由企业相关负责人签字确认，予以销号。

（5）加强宣传培训和演练。

企业应当定期就企业突发环境事件应急管理制度、突发环境事件风险防控措施的操作要求、隐患排查治理案例等开展宣传和培训，并通过演练检验各项突发环境事件风险防控措施的可操作性，提高从业人员隐患排查治理能力和风险防范水平。如实记录培训、演练的时间、内容、参加人员以及考核结果等情况，并将培训情况备案存档。

（6）建立档案。

及时建立隐患排查治理档案。隐患排查治理档案包括企业隐患分级标准、隐患排查治理制度、年度隐患排查治理计划、隐患排查表、隐患报告单、重大隐患治理方案、重大隐患治理验收报告、培训和演练记录以及相关会议纪要、书面报告等隐患排查治理过程中形成的各种书面材料。隐患排查治理档案应至少留存五年，以备环境保护主管部门抽查。

四、环境应急物资配备

环境应急物资是指处理环境应急事故所需要的设备、设施以及其他物资。企业事业单位应当储备必要的环境应急装备和物资，并建立完善相关管理制度。

环境应急物资主要包括以下 5 类：

（1）个人防护类，是指用于处置环境事故的人身安全保护的各类物资。

（2）检测仪器类，是指对污染物的种类、数量和强度进行检测的仪器设备。

（3）污染处置类，是指直接用于处置污染物本身的物资。

（4）交通通信类，是指处置环境污染过程中必备的交通通信工具。

（5）生活保障类，是指处置环境事故人员生活保障的各类物资。

各类环境应急物资分类统计见表 2-1。

表 2-1 环境应急物资分类统计

序号	分类		具体物资
1	个人防护类	呼吸防护设备	过滤式，包括防尘口罩、自吸过滤式防毒面具（半面罩）、自吸过滤式防毒面具（全面罩）、氧气呼吸器等
			隔绝式，包括送风过滤式呼吸器、空气呼吸器、生氧呼吸器等
			配件，包括过滤件、滤毒罐、移动供气源等
		防护服设备	气密型化学防护服、非气密型半封闭化学防护服、液密型化学防护服、颗粒物防护服、防酸服、防碱服、防油服、阻燃防护服等
		头部防护装备	安全帽等
		眼部、面部防护装备	防护眼镜、护目镜（眼罩）、防烟尘护目镜、防化防雾护目镜、防水护目镜等
		听力防护装备	耳塞、耳罩等
		手部防护装备	防化学品手套、防酸碱手套、绝缘手套
		足部防护装备	防（耐）酸碱鞋（靴）、耐化学品的工业用橡胶靴、防热阻燃鞋（靴）等
		洗消系统	压力喷射罐等
2	检测仪器类		便携式分光光度计、分析监测及自控设备、气体电化学分析仪、水质电化学分析仪、便携式重金属分析仪、便携式X荧光分析仪、便携式傅里叶红外分析仪、便携式生物毒性分析仪、藻类分析仪、大肠杆菌分析仪、便携式气相-质谱联机、便携式流量计、走航式多普勒流量测定仪、温度/热量仪表、试验设备、水质分析仪、其他分析仪器、气体分析仪、控制器、光学仪表、电导仪器、电化学仪表等
3	污染处置类		水处理设施、空气污染处置设施、噪声污染处置设施、固体废物处置设施、核污染处置类物资和其他处置类物资
4	交通通信类		应急指挥车辆、直升机、医疗救助车辆、电台、电话等
5	生活保障类		帐篷、炊具、卧具等一系列生活必备物资

五、应急培训及演练

企业事业单位应当将突发环境事件应急培训纳入单位的工作计划中，对从业人员定期进行突发环境事件应急知识和技能培训，并建立培训档案，如实记录培训的时间、内容、参加人员等信息。

1. 应急培训

明确本企业开展的应急培训计划、方式和要求。如果涉及相关方，应明确宣传、告知等工作。企业应通过编发培训材料等方式，对与应急预案实施密切相关的组织和人员开展应急预案培训，制作通俗易懂、好记管用的宣传普及材料，向企业员工及周边公众免费发放。

2. 应急演练

明确应急演练的方式、频次等内容，制定企业应急演练的具体计划，并组织策划和实施，适时组织有关企业和专家对应急演练进行观摩和交流，演练结束后做好总结。

企业应当建立应急演练制度，坚持每年至少开展一次演练，根据实际情况采取实战演练、桌面推演等方式，组织开展人员广泛参与、处置联动性强、形式多样、节约高效的应急演练。要对演练的执行情况，预案的合理性与可操作性，指挥协调和应急联动情况，应急人员的处置情况，演练所用设备装备的适用性进行评估，根据评估结果及时修订预案。

六、应急信息公开

企业事业单位应当按照有关规定，采取便于公众知晓和查询的方式公开本单位环境风险防范工作开展情况、突发环境事件应急预案及演练情况、突发环境事件发生及处置情况，以及落实整改要求情况等环境信息。

突发环境事件发生后，县级以上地方环境保护主管部门应当认真研判事件影响和等级，及时向本级人民政府提出信息发布建议。履行统一领导职责或者组织处置突发事件的人民政府，应当按照有关规定统一、准确、及时发布有关突发事件事态发展和应急处置工作的信息。

县级以上环境保护主管部门应当在职责范围内向社会公开有关突发环境事件应急管理的规定和要求，以及突发环境事件应急预案及演练情况等环境信息。

县级以上地方环境保护主管部门应当对本行政区域内突发环境事件进行汇总分析，定期向社会公开突发环境事件的数量、级别，以及事件发生的时间、地点、应急处置概况等信息。

第十一节　环境信息公开

一、主要相关法律法规

（1）《中华人民共和国环境保护法》；

（2）《中华人民共和国清洁生产促进法》；

（3）《公共企事业单位信息公开规定制定办法》；

（4）《环境信息依法披露制度改革方案》；

（5）《企业环境信息依法披露管理办法》；

（6）《排污许可管理条例》；

（7）《关于进一步加强固定污染源监测监督管理的通知》（环办监测〔2023〕5号）。

二、企业环境信息依法披露

1. 环境信息披露责任主体

企业是环境信息依法披露的责任主体。

企业应当建立健全环境信息依法披露管理制度，规范工作规程，明确工作职责，建立准确的环境信息管理台账，妥善保存相关原始记录，科学统计归集相关环境信息。

企业披露环境信息所使用的相关数据及表述应当符合环境监测、环境统计等方面的标准和技术规范要求，优先使用符合国家监测规范的污染物监测数据、排污许可证执行报告数据等。

企业应当依法、及时、真实、准确、完整地披露环境信息，披露的环境信息应当简明清晰、通俗易懂，不得有虚假记载、误导性陈述或者重大遗漏。

企业披露涉及国家秘密、战略高新技术和重要领域核心关键技术、商业秘密的环境信息，依照有关法律法规的规定执行；涉及重大环境信息披露的，应当按照国家有关规定请示报告。

2. 环境信息披露主体

下列企业应当按照本办法的规定披露环境信息：

（1）重点排污单位；

（2）实施强制性清洁生产审核的企业；

（3）符合《企业环境信息依法披露管理办法》第八条规定的上市公司及合并报表范围内的各级子公司（以下简称上市公司）；

（4）符合《企业环境信息依法披露管理办法》第八条规定的发行企业债券、公司债券、非金融企业债务融资工具的企业；

（5）法律法规规定的其他应当披露环境信息的企业。

上一年度有下列情形之一的上市公司和发债企业，应当按照《企业环境信息依法披露管理办法》的规定披露环境信息：

（1）因生态环境违法行为被追究刑事责任的；

（2）因生态环境违法行为被依法处以十万元以上罚款的；

（3）因生态环境违法行为被依法实施按日连续处罚的；

（4）因生态环境违法行为被依法实施限制生产、停产整治的；

（5）因生态环境违法行为被依法吊销生态环境相关许可证件的；

（6）因生态环境违法行为，其法定代表人、主要负责人、直接负责的主管人员或者其他直接责任人员被依法处以行政拘留的。

设区的市级生态环境主管部门组织制定本行政区域内的环境信息依法披露企业名单，于每年3月底前确定本年度企业名单，并向社会公布。对企业名单公布后新增的符合纳入企业名单要求的企业，设区的市级生态环境主管部门应当将其纳入下一年度企业名单。

重点排污单位应当自列入重点排污单位名录之日起，纳入企业名单。

实施强制性清洁生产审核的企业应当自列入强制性清洁生产审核名单后，纳入企业名单，并延续至该企业完成强制性清洁生产审核验收后的第三年。

上市公司、发债企业应当连续三年纳入企业名单；其间再次发生《企业环境信息依法披露管理办法》第八条规定情形的，应当自三年期限届满后，再连续三年纳入企业名单。

对同时符合本条规定的两种以上情形的企业，应当按照最长期限纳入企业名单。

3. 披露内容和时限

企业应当按照《企业环境信息依法披露格式准则》编制年度环境信息依法披露报告和临时环境信息依法披露报告，并上传至企业环境信息依法披露系统。

企业年度环境信息依法披露报告应当包括以下内容：

（1）企业基本信息，包括企业生产和生态环境保护等方面的基础信息；

（2）企业环境管理信息，包括生态环境行政许可、环境保护税、环境污染责任保险、环保信用评价等方面的信息；

（3）污染物产生、治理与排放信息，包括污染防治设施，污染物排放，有毒有害物质排放，工业固体废物和危险废物产生、贮存、流向、利用、处置，自行监测等方面的信息；

（4）碳排放信息，包括排放量、排放设施等方面的信息；

（5）生态环境应急信息，包括突发环境事件应急预案、重污染天气应急响应等方面的信息；

（6）生态环境违法信息；

（7）本年度临时环境信息依法披露情况；

（8）法律法规规定的其他环境信息。

实施强制性清洁生产审核的企业披露年度环境信息时，除了披露上述规定的环境信息，还应当披露以下信息：

（1）实施强制性清洁生产审核的原因；

（2）强制性清洁生产审核的实施情况、评估与验收结果。

上市公司和发债企业披露年度环境信息时，除了披露上述规定的环境信息，还应当按照以下规定披露相关信息：

（1）上市公司通过发行股票、债券、存托凭证、中期票据、短期融资券、超短期融资券、资产证券化、银行贷款等形式进行融资的，应当披露年度融资形式、金额、投向等信息，以及融资所投项目的应对气候变化、生态环境保护等相关信息；

（2）发债企业通过发行股票、债券、存托凭证、可交换债、中期票据、短期融资券、超短期融资券、资产证券化、银行贷款等形式融资的，应当披露年度融资形式、金额、投向等信息，以及融资所投项目的应对气候变化、生态环境保护等相关信息。

上市公司和发债企业属于强制性清洁生产审核企业的，还应当按照强制性清洁生产审核企业要求披露相关环境信息。

企业未产生《企业环境信息依法披露管理办法》规定的环境信息的，可以不予披露。

企业应当自收到相关法律文书之日起五个工作日内，以临时环境信息依法披露报告的形式，披露以下环境信息：

（1）生态环境行政许可准予、变更、延续、撤销等信息；

（2）因生态环境违法行为受到行政处罚的信息；

（3）因生态环境违法行为，其法定代表人、主要负责人、直接负责的主管人员和其他直接责任人员被依法处以行政拘留的信息；

（4）因生态环境违法行为，企业或者其法定代表人、主要负责人、直接负责的主管人员和其他直接责任人员被追究刑事责任的信息；

（5）生态环境损害赔偿及协议信息。

企业发生突发环境事件的，应当依照有关法律法规规定披露相关信息。

企业可以根据实际情况对已披露的环境信息进行变更；进行变更的，应当以临时环境信息依法披露报告的形式变更，并说明变更事项和理由。

企业应当于每年3月15日前披露上一年度1月1日至12月31日的环境信息。

三、监测数据信息公开

依据《排污许可管理条例》及《关于进一步加强固定污染源监测监督管理的通知》（环办监测〔2023〕5号）的要求，已取得排污许可证的排污单位，应于监测工作完成后5个工作日内，如实在全国排污许可证管理信息平台上公开手工自行监测数据。

四、建设项目信息公开

《中华人民共和国环境保护法》规定：对依法应当编制环境影响报告书的建设项目，建设单位应当在编制时向可能受影响的公众说明情况，充分征求意见。负责审批建设项目环境影响评价文件的部门在收到建设项目环境影响报告书后，除涉及国家秘密和商业秘密的事项外，应当全文公开；发现建设项目未充分征求公众意见的，应当责成建设单位征求公众意见。

《中华人民共和国环境影响评价法》规定：除国家规定需要保密的情形外，对环境可能造成重大影响、应当编制环境影响报告书的建设项目，建设单位应当在报批建设项目环境影响报告书前，举行论证会、听证会，或者采取其他形式，征求有关单位、专家和公众的意见。

第十二节 环境保护税管理

一、主要相关法律法规

（1）《中华人民共和国环境保护税法》；

（2）《中华人民共和国环境保护税法实施条例》（国务院令第693号）；

（3）《国务院关于环境保护税收入归属问题的通知》（国发〔2017〕56号）；

（4）《财政部 税务总局 生态环境部关于环境保护税有关问题的通知》

（财税〔2018〕23号）；

（5）《财政部 税务总局 生态环境部关于明确环境保护税应税污染物适用等有关问题的通知》（财税〔2018〕117号）。

二、环境保护税征收范围和征税对象

1. 环境保护税征收范围

在中华人民共和国领域和中华人民共和国管辖的其他海域，直接向环境排放应税污染物的企业事业单位和其他生产经营者为环境保护税的纳税人，应当依照《中华人民共和国环境保护税法》规定缴纳环境保护税。

有两种情形不属于直接排放，分别为：

企业事业单位和其他生产经营者向依法设立的污水集中处理、生活垃圾集中处理场所排放应税污染物的；

企业事业单位和其他生产经营者在符合国家和地方环境保护标准的设施、场所贮存或者处置固体废物的。

除此之外，其他排放应税污染物的行为应纳入征税范围，依法征收环境保护税。

2. 环境保护税征税对象

应税污染物，是指环境保护税法所附《环境保护税税目税额表》《应税污染物和当量值表》规定的大气污染物、水污染物、固体废物和噪声。

（1）大气污染物。

大气污染物，是指向环境排放影响大气环境质量的物质，环境保护税法所附《应税污染物和当量值表》共包含二氧化硫、氮氧化物、粉尘等44种。

（2）水污染物。

水污染物，是指向环境排放影响水环境质量的物质，环境保护税法所附《应税污染物和当量值表》，水污染物分为第一类水污染物、第二类水污染物和其他类水污染物，第一类水污染物包括总汞、总镉等10类，第二类水污染物包括悬浮物、COD等51类，其他类水污染物包括pH、色度、大肠菌群数、总余氯等4类。

（3）固体废物。

固体废物，是环境保护税法所附《环境保护税税目税额表》中列举的煤矸石、尾矿、危险废物、冶炼渣、粉煤灰、炉渣以及其他固体废物。

其他固体废物，根据《中华人民共和国环境保护税法实施条例》第二条规定，依照环境保护税法，由省、自治区、直辖市人民政府依法确定，并报国务院备案。

（4）噪声。

噪声，是指在工业生产活动中产生的干扰周围生活环境的声音，环境保护税法所附《环境保护税税目税额表》确定。《环境保护税税目税额表》仅对工业噪声征税。

三、环境保护税计税依据和应纳税额

1. 计税依据

应税污染物的计税依据，按照下列方法确定：

（1）应税大气污染物按照污染物排放量折合的污染当量数确定；

（2）应税水污染物按照污染物排放量折合的污染当量数确定；

（3）应税固体废物按照固体废物的排放量确定；

（4）应税噪声按照超过国家规定标准的分贝数确定。

应税大气污染物、水污染物的污染当量数，以该污染物的排放量除以该污染物的污染当量值计算。每种应税大气污染物、水污染物的具体污染当量值，依照《中华人民共和国环境保护税法》所附《应税污染物和当量值表》执行。

每个排放口或者没有排放口的应税大气污染物，按照污染当量数由大到小排序，对前三项污染物征收环境保护税。每个排放口的应税水污染物，按照《中华人民共和国环境保护税法》所附《应税污染物和当量值表》，区分第一类水污染物和其他类水污染物，按照污染当量数由大到小排序，对第一类水污染物按照前五项征收环境保护税，对其他类水污染物按照前三项征收环境保护税。

应税大气污染物、水污染物、固体废物的排放量和噪声的分贝数，按照下列方法和顺序计算：

（1）纳税人安装使用符合国家规定和监测规范的污染物自动监测设备的，按照污染物自动监测数据计算；

（2）纳税人未安装使用污染物自动监测设备的，按照监测机构出具的符合国家有关规定和监测规范的监测数据计算；

（3）因排放污染物种类多等原因不具备监测条件的，按照国务院生态环境主管部门规定的排污系数、物料衡算方法计算；

（4）不能按照本条第一项至第三项规定的方法计算的，按照省、自治区、直辖市人民政府生态环境主管部门规定的抽样测算的方法核定计算。

2. 应纳税额

环境保护税应纳税额按照下列方法计算：

（1）应税大气污染物的应纳税额为污染当量数乘以具体适用税额；

（2）应税水污染物的应纳税额为污染当量数乘以具体适用税额；

（3）应税固体废物的应纳税额为固体废物排放量乘以具体适用税额；

（4）应税噪声的应纳税额为超过国家规定标准的分贝数对应的具体适用税额。

四、环境保护税税收减免

1. 环境保护税免征

下列情形，暂予免征环境保护税：

（1）农业生产（不包括规模化养殖）排放应税污染物的；

（2）机动车、铁路机车、非道路移动机械、船舶和航空器等流动污染源排放应税污染物的；

（3）依法设立的城乡污水集中处理、生活垃圾集中处理场所排放相应应税污染物，不超过国家和地方规定的排放标准的；

（4）纳税人综合利用的固体废物，符合国家和地方环境保护标准的；

（5）国务院批准免税的其他情形。

2. 环境保护税减征

纳税人排放应税大气污染物或者水污染物的浓度值低于国家和地方规定的污

染物排放标准百分之三十的，减按百分之七十五征收环境保护税。纳税人排放应税大气污染物或者水污染物的浓度值低于国家和地方规定的污染物排放标准百分之五十的，减按百分之五十征收环境保护税。

五、环境保护税征收管理

环境保护税由税务机关依照《中华人民共和国税收征收管理法》和《中华人民共和国环境保护税法》的有关规定征收管理。

生态环境主管部门依照《中华人民共和国环境保护税法》和有关环境保护法律法规的规定负责对污染物的监测管理。

纳税义务发生时间为纳税人排放应税污染物的当日。

纳税人应当向应税污染物排放地的税务机关申报缴纳环境保护税。

环境保护税按月计算，按季申报缴纳。不能按固定期限计算缴纳的，可以按次申报缴纳。

纳税人申报缴纳时，应当向税务机关报送所排放应税污染物的种类、数量，大气污染物、水污染物的浓度值，以及税务机关根据实际需要要求纳税人报送的其他纳税资料。

纳税人按季申报缴纳的，应当自季度终了之日起十五日内，向税务机关办理纳税申报并缴纳税款。纳税人按次申报缴纳的，应当自纳税义务发生之日起十五日内，向税务机关办理纳税申报并缴纳税款。

纳税人应当依法如实办理纳税申报，对申报的真实性和完整性承担责任。

第十三节 环境监管检查

一、主要相关法律法规

（1）《中华人民共和国环境保护法》；

（2）《生态环境行政处罚办法》；

（3）《国务院办公厅关于加强环境监管执法的通知》（国办发〔2014〕56号）；

（4）《关于进一步强化生态环境保护监管执法的意见》（环办环监〔2018〕28号）；

（5）《关于加强生态保护监管工作的意见》（环生态〔2020〕73号）；

（6）《关于印发〈生态环境保护综合行政执法事项指导目录（2020年版）〉的通知》（环人事〔2020〕14号）；

（7）《关于优化生态环境保护执法方式提高执法效能的指导意见》（环执法〔2021〕1号）；

（8）《关于进一步加强生态环境"双随机、一公开"监管工作的指导意见》（环办执法〔2021〕18号）；

（9）《生态环境行政执法稽查办法》（环执法〔2024〕1号）；

（10）《关于印发〈生态环境执法人员行为规范〉的通知》（环执法〔2024〕2号）。

二、相关法规要求

2015年8月5日，国务院办公厅发布了《国务院办公厅关于推广随机抽查规范事中事后监管的通知》，要求在政府管理方式和规范市场执法中，全面推行"双随机、一公开"的监管模式。所谓"双随机、一公开"，是指在监管过程中随机抽取检查对象，随机选派执法检查人员，抽查情况及查处结果及时向社会公开。

为深入贯彻落实党的十九大关于加快转变政府职能，深化简政放权，创新监管方式的决策部署，按照国务院推进"放管服"改革的系列文件要求，生态环境部在环境监管执法领域持续推行"双随机、一公开"制度，为公平、有效、透明地进行事中、事后监管，推进环境执法公平、规范、有效开展，减轻企业负担和减少权力寻租提供了可靠支撑。

按照《关于优化生态环境保护执法方式提高执法效能的指导意见》（环执法〔2021〕1号）文件精神，市、县两级生态环境部门要按照"双随机、一公开"

制度要求，落实现场检查计划。将所有检查对象纳入名录库，按区域、行业、规模、要素等科学分类管理。日常监管执法要统筹整合检查对象的排污许可证执行情况、环境管理水平、守法状况、信用评价、信访投诉等信息，设置不同的检查比例。专项监管执法活动，按照专项检查对象和时间要求，也应纳入“双随机、一公开”监管。将执法人员按业务专长分类标注，将专家和专业机构分类加入。积极配合市场监管等部门建立“双随机、一公开”联合检查制度。将检查计划、检查结果及时、准确、规范地向社会公开。

各省级生态环境部门要结合环境信用体系建设建立实施常态化监督执法正面清单管理制度。优先将治污水平高、环境管理规范的企业纳入正面清单，明确严格的清单编制、审定、公开程序，并实施动态调整。采取差异化监管措施，对正面清单内的企业原则上只开展非现场监管，在一定时期内免除现场检查；细化轻微环境违法行为减免处罚的情形和程序，对主动报告、妥善处置、未造成污染后果的，依法减轻或免除处罚，审慎采取查封扣押、限产停产等措施。加大正向激励力度，鼓励实施多部门联合激励。

推行非现场监管方式。大力拓展非现场监管的手段及应用，将其作为日常执法检查的重要方式。2021 年年底前，各省级生态环境部门要建立非现场监管程序规范，明确工作流程、落实责任要求。以自动监控为非现场监管的主要手段，推行视频监控和环保设施用水、用电监控等物联网监管手段，积极利用无人机、无人船、走航车以及卫星遥感等科技手段，科学建立大数据采集分析、违法风险监测预警等工作程序，明确启动现场检查的衔接机制。推进完善法规和标准，强化污染源自动监测数据用于行政处罚。

完善区域交叉检查制度。国家和省级生态环境部门要针对生态环境保护重点任务，突出的区域性、流域性、行业性生态环境问题，以交叉检查方式，统筹调用行政区域内执法力量，定期组织开展监督帮扶，并建立相关工作制度。检查发现的问题原则上由当地生态环境部门查处，并持续督促整改到位。

建立专案查办制度。对案情重大、影响恶劣、后果严重的生态环境违法案件实施专案查办，配备精干执法力量成立专案组，加大资源投入和后勤保障。涉及其他部门的，应采取部门联合执法、联合挂牌督办等方式。充分发挥业务主管部门、技术专家和法律顾问作用，加强案件办理过程中的技术、法律支撑。

三、环境监管执法方式及内容

环境监管执法方式一般分为针对性检查和计划性检查两类，其中，针对性检查主要针对投诉举报、上级部门转办交办、其他部门移送案件、突发环境事件、核安全检查、数据分析或监测发现问题线索等具体被检查对象实施；计划性检查包括日常监督管理检查、监督执法检查、专项检查和部门联合检查等。

环境监管执法主要内容包括被检查对象生态环境保护措施落实情况，污染防治设施运行情况，排污许可制度落实及证后执行情况，碳排放情况，辐射安全项目管理情况，固体废物及危险废物管理情况，化学品环境管理情况，生态环境监测社会化服务机构及环评单位报告（数据）质量、建设项目环评及批复落实情况，建设项目“三同时”制度落实情况，突发环境事件应急预案备案情况，环境安全隐患情况等。

四、环境监管执法关注重点

1. 废气治理设施关注重点

（1）资料检查。

废气治理设施技术方案，废气处理设施建成或投入使用时间、设计能力、实际处理能力、处理方式、工艺流程、运行台账、定期保养维修记录、药剂使用台账等。

（2）现场检查。

a）以车间为单位，各个废气产生点位收集、分类处理的情况，包括车间排气筒、储罐区、污水站等；

b）废气末端设施运行情况，包括设备运行台账、点巡检记录、电能消耗记录等使用情况、主要机械设备磨合情况和锈蚀迹象；

c）厂区内、厂界无组织排放情况。

（3）常见违法行为。

a）车间部分废气未经收集直接无组织排放；

b）擅自将废气处理设施短期或者长期停止运行；

c）废气总排口超标，厂界特征污染物超标。

2. 废水治理设施关注重点

（1）资料查阅。

水污染防治设施建成或投入使用时间、设计能力、实际处理能力、处理方式、工艺流程、企业日常监测数据、药剂使用台账、相关保养维护记录等相关资料。

（2）现场检查。

a）重点检查污水处理药剂消耗、使用情况；

b）查看在线监控数据是否异常，包括当天数据和历史数据；

c）查看出水水质是否异常，包括颜色和气味；

d）踏勘企业厂界四周有无暗管和废水偷漏排现象；

e）车间废水收集、污水收集池至污水站管路铺设情况，清污分流、污污分流情况，必要时雨水沟采样；

f）水污染防治设施运行情况，包括运行台账、电耗、药剂使用情况、机械设备磨合情况和锈蚀迹象，必要时对各个处理工序水样、设施出水口、入网口进行全流程采样。

（3）常见违法行为。

a）稀释方式排放废水；

b）非紧急情况下开启污染物处理设施的应急排放阀门，将部分或全部污水或其他污染物直接排入环境（或污水管网）；

c）采用规避检查方式排放超标水污染物，如经雨水沟；

d）第一类污染物在车间或专用处理设施处理不达标直接进入污水处理设施处理，将水污染物处理设施短期或长期停止运行；

e）通过埋设暗管将污水或其他污染物不经处理而排入环境（或污水管网）；

f）污泥处置未按有害废物进行处置。

3. 固体废物关注重点

（1）资料检查。

危险废物年度转移计划表、管理台账、转移单、经营处置单位资质以及经营范围等。

（2）现场检查。

a）危险废物是否分类、分质收集以及是否混入一般固体废物；

b）贮存场所外是否按规定设置危险废物警示标志，危险废物包装是否密封保存，危险废物容器和包装物上是否设置危险废物标签；

c）贮存场所内是否符合危险废物堆场的要求，地面有无作硬化防渗处理、有无建设渗漏液收集井，危险废物是否分类堆放；

d）贮存场所是否为密闭，有无废气收集处理装置。

（3）常见违法行为。

a）危险废物混乱堆放，物料、产品废包装袋作一般废物处置；

b）危险废物溶解废水中直接排放；

c）具有经济价值的废油等非法转移，委托无资质单位进行处置；

d）危险废物委托超出经营资质范围的单位进行处置。

第十四节 生态环境行政处罚

一、主要相关法律法规

（1）《中华人民共和国环境保护法》；

（2）《中华人民共和国水污染防治法》；

（3）《中华人民共和国大气污染防治法》；

（4）《中华人民共和国噪声污染防治法》；

（5）《中华人民共和国固体废物污染环境防治法》；

（6）《中华人民共和国行政处罚法》；

（7）《中华人民共和国长江保护法》；

（8）《中华人民共和国黄河保护法》；

（9）《中华人民共和国海洋环境保护法》；

（10）《危险化学品安全管理条例》；

（11）《排污许可管理条例》；

（12）《自然保护区条例》；

（13）《风景名胜区条例》；

（14）《生态环境行政处罚办法》；

（15）《企业环境信息依法披露管理办法》。

二、生态环境行政处罚背景

为规范生态环境行政处罚的实施，监督和保障生态环境主管部门依法实施行政处罚，维护公共利益和社会秩序，保护公民、法人或者其他组织的合法权益，根据《中华人民共和国行政处罚法》《中华人民共和国行政强制法》《中华人民共和国环境保护法》等法律和行政法规，生态环境部于 2023 年 4 月 13 日审议通过《生态环境行政处罚办法》，自 2023 年 7 月 1 日起施行。

公民、法人或者其他组织违反生态环境保护法律、法规或者规章规定，应当给予行政处罚的，生态环境主管部门法定职权范围内依照《中华人民共和国行政处罚法》和《生态环境行政处罚办法》规定的程序实施生态环境行政处罚。法律、法规授权的生态环境保护综合行政执法机构等组织在法定授权范围内实施生态环境行政处罚。

对当事人的同一个违法行为，生态环境主管部门不得给予两次以上罚款的行政处罚。同一个违法行为违反多个法律规范应当给予罚款处罚的，按照罚款数额高的规定处罚。

实施行政处罚，适用违法行为发生时的法律、法规、规章的规定。但是，作出行政处罚决定时，法律、法规、规章已经被修改或者废止，且新的规定处罚较轻或者不认为是违法的，适用新的规定。

生态环境行政处罚由违法行为发生地的具有行政处罚权的生态环境主管部门管辖。两个以上生态环境主管部门都有管辖权的，由最先立案的生态环境主管部门管辖。对管辖发生争议的，应当协商解决，协商不成的，报请共同的上一级生态环境主管部门指定管辖；也可以直接由共同的上一级生态环境主管部门指定管辖。

生态环境主管部门发现不属于本部门管辖的案件，应当按照有关要求和时限移送有管辖权的机关处理。对涉嫌违法依法应当实施行政拘留的案件，生态环境主管部门应当移送公安机关或者海警机构。违法行为涉嫌犯罪的，生态环境主管部门应当及时将案件移送司法机关，不得以行政处罚代替刑事处罚。对涉嫌违法依法应当由人民政府责令停业、关闭的案件，生态环境主管部门应当报有批准权的人民政府。

三、生态环境行政处罚种类

根据《中华人民共和国行政处罚法》和《生态环境行政处罚办法》，生态环境行政处罚的种类包括：（1）警告、通报批评；（2）罚款、没收违法所得、没收非法财物；（3）暂扣许可证件、降低资质等级、吊销许可证件、一定时期内不得申请行政许可；（4）限制开展生产经营活动、责令停产整治、责令停产停业、责令关闭、限制从业、禁止从业；（5）责令限期拆除；（6）行政拘留；（7）法律、行政法规规定的其他行政处罚种类。

四、生态环境行政处罚程序

生态环境行政处罚的一般程序为立案、调查取证、案件审查、告知和听证、法制审核和集体讨论、决定、信息公开。

1. 立案

除依法可以当场作出的行政处罚外，生态环境主管部门对涉嫌违反生态环境保护法律、法规和规章的违法行为，应当进行初步审查，并在十五日内决定是否立案。特殊情况下，经本机关负责人批准，可以延长十五日。法律、法规另有规定的除外。

经审查，符合下列四项条件的，予以立案：

（1）有初步证据材料证明有涉嫌违反生态环境保护法律、法规和规章的违法行为；

（2）依法应当或者可以给予行政处罚；

（3）属于本机关管辖；

（4）违法行为未超过《中华人民共和国行政处罚法》规定的追责期限。

对已经立案的案件，根据新情况发现不符合《生态环境行政处罚办法》第十九条立案条件的，应当撤销立案。

2. 调查取证

生态环境主管部门对登记立案的生态环境违法行为，应当指定专人负责，全面、客观、公正地调查，收集有关证据。

生态环境行政处罚证据包括书证、物证、视听资料、电子数据、证人证言、当事人的陈述、鉴定意见、勘验笔录、现场笔录。

证据必须经查证属实，方可作为认定案件事实的根据。以非法手段取得的证据，不得作为认定案件事实的根据。

3. 案件审查

案件审查的主要内容包括：

（1）本机关是否有管辖权；

（2）违法事实是否清楚；

（3）证据是否合法、充分；

（4）调查取证是否符合法定程序；

（5）是否超过行政处罚追责期限；

（6）适用法律、法规、规章是否准确，裁量基准运用是否适当。

违法事实不清、证据不充分或者调查程序违法的，审查人员应当退回调查人员补充调查取证或者重新调查取证。

4. 告知和听证

（1）告知。

生态环境主管部门在作出行政处罚决定之前，应当告知当事人拟作出的行政处罚内容及事实、理由、依据和当事人依法享有的陈述、申辩、要求听证等权利，当事人在收到告知书后五日内进行陈述、申辩；未依法告知当事人，或者拒绝听取当事人的陈述、申辩的，不得作出行政处罚决定，当事人明确放弃陈述或者申辩权利的除外。

当事人进行陈述、申辩的，生态环境主管部门应当充分听取当事人意见，将当事人的陈述、申辩材料归入案卷。对当事人提出的事实、理由和证据，应当进行复核。当事人提出的事实、理由或者证据成立的，应当予以采纳；不予采纳的，应当说明理由。

不得因当事人的陈述、申辩而给予更重的处罚。

（2）听证。

拟作出以下行政处罚决定，当事人要求听证的，生态环境主管部门应当组织听证：

a）较大数额罚款；

b）没收较大数额违法所得、没收较大价值非法财物；

c）暂扣许可证件、降低资质等级、吊销许可证件、一定时期内不得申请行政许可；

d）限制开展生产经营活动、责令停产整治、责令停产停业、责令关闭、限制从业、禁止从业；

e）其他较重的行政处罚；

f）法律、法规、规章规定的其他情形。

听证应当依照以下程序组织：

a）当事人要求听证的，应当在生态环境主管部门告知后五日内提出。

b）生态环境主管部门应当在举行听证的七日前，通知当事人及有关人员听证的时间、地点。

c）除涉及国家秘密、商业秘密或者个人隐私依法予以保密外，听证公开举行。

d）听证由生态环境主管部门指定的非本案调查人员主持；当事人认为主持人与本案有直接利害关系的，有权申请回避。

e）当事人可以亲自参加听证，也可以委托一人至二人代理。

f）当事人及其代理人无正当理由拒不出席听证或者未经许可中途退出听证的，视为放弃听证权利，生态环境主管部门终止听证。

g）举行听证时，调查人员提出当事人违法的事实、证据和行政处罚建议，当事人进行申辩和质证。

h）听证应当制作笔录。笔录应当交当事人或者其代理人核对无误后签字或者盖章。当事人或者其代理人拒绝签字或者盖章的，由听证主持人在笔录中注明。

5. 法制审核和集体讨论

有下列情形之一，生态环境主管部门负责人作出行政处罚决定之前，应当由生态环境主管部门负责重大执法决定法制审核的机构或者法制审核人员进行法制审核；未经法制审核或者审核未通过的，不得作出决定：

（1）涉及重大公共利益的；

（2）直接关系当事人或者第三人重大权益，经过听证程序的；

（3）案件情况疑难复杂、涉及多个法律关系的；

（4）法律、法规规定应当进行法制审核的其他情形。

法制审核以书面审核为主。对案情复杂、法律争议较大的案件，生态环境主管部门可以组织召开座谈会、专家论证会开展审核工作。

生态环境主管部门进行法制审核时，可以请相关领域专家、法律顾问提出书面意见。

对拟作出的处罚决定进行法制审核后，应当区别不同情况以书面形式提出以下意见：

（1）主要事实清楚，证据充分，程序合法，内容适当，未发现明显法律风险的，提出同意的意见；

（2）主要事实不清，证据不充分，程序不当或者适用依据不充分，存在明显法律风险，但是可以改进或者完善的，指出存在的问题，并提出改进或者完善的建议；

（3）存在明显法律风险，且难以改进或者完善的，指出存在的问题，提出不同意的审核意见。

对情节复杂或者重大违法行为给予行政处罚的，作出处罚决定的生态环境主管部门负责人应当集体讨论决定。

集体讨论情况应当予以记录。

地方性法规、地方政府规章另有规定的，从其规定。

6. 决定

生态环境主管部门负责人经过审查，根据不同情况，分别作出以下决定：

（1）确有应受行政处罚的违法行为的，根据情节轻重及具体情况，作出行政处罚决定；

（2）违法行为轻微，依法可以不予行政处罚的，不予行政处罚；

（3）违法事实不能成立的，不予行政处罚；

（4）违法行为涉嫌犯罪的，移送司法机关。

生态环境主管部门向司法机关移送涉嫌生态环境犯罪案件之前已经依法作出的警告、责令停产停业、暂扣或者吊销许可证件等行政处罚决定，不停止执行。

涉嫌犯罪案件的移送办理期间，不计入行政处罚期限。

决定给予行政处罚的，应当制作行政处罚决定书。对同一当事人的两个或者两个以上环境违法行为，可以分别制作行政处罚决定书，也可以列入同一行政处罚决定书。

生态环境主管部门应当自立案之日起九十日内作出处理决定。因案情复杂或者其他原因，不能在规定期限内作出处理决定的，经生态环境主管部门负责人批准，可以延长三十日。案情特别复杂或者有其他特殊情况，经延期仍不能作出处理决定的，应当由生态环境主管部门负责人集体讨论决定是否继续延期，决定继续延期的，继续延长期限不得超过三十日。

案件办理过程中，中止、听证、公告、监测（检测）、评估、鉴定、认定、送达等时间不计入前款所指的案件办理期限。

行政处罚决定书应当在宣告后当场交付当事人；当事人不在场的，应当在七日内将行政处罚决定书送达当事人。

生态环境主管部门送达执法文书，可以采取直接送达、留置送达、委托送达、邮寄送达、电子送达、转交送达、公告送达等法律规定的方式。送达行政处罚文书应当使用送达回证并存档。

当事人同意并签订确认书的，生态环境主管部门可以采用传真、电子邮件、移动通信等能够确认其收悉的电子方式送达执法文书，并通过拍照、截屏、录音、录像等方式予以记录。传真、电子邮件、移动通信等到达当事人特定系统的日期为送达日期。

7. 信息公开

生态环境主管部门应当依法公开其作出的生态环境行政处罚决定。

生态环境主管部门依法公开生态环境行政处罚决定的下列信息：

（1）行政处罚决定书文号；

（2）被处罚的公民姓名，被处罚的法人或者其他组织名称和统一社会信用代码、法定代表人（负责人）姓名；

（3）主要违法事实；

（4）行政处罚结果和依据；

（5）作出行政处罚决定的生态环境主管部门名称和作出决定的日期。

涉及国家秘密或者法律、行政法规禁止公开的信息的，以及公开后可能危及国家安全、公共安全、经济安全、社会稳定的行政处罚决定信息，不予公开。

生态环境行政处罚决定应当自作出之日起七日内公开。法律、行政法规另有规定的，从其规定。

公开的行政处罚决定被依法变更、撤销、确认违法或者确认无效的，生态环境主管部门应当在三日内撤回行政处罚决定信息并公开说明理由。

五、不予或从轻 / 减轻行政处罚情形

1. 不予行政处罚

有下列情形的，可不予行政处罚。

（1）违法行为轻微并及时改正，没有造成生态环境危害后果的，不予行政处罚。

（2）初次违法且生态环境危害后果轻微并及时改正的，可不予行政处罚。

（3）当事人有证据足以证明没有主观过错的，不予行政处罚。

（4）法律、行政法规另有规定的，从其规定。

对当事人的违法行为依法不予行政处罚的，生态环境主管部门应当对当事人进行教育。

2. 从轻 / 减轻行政处罚

有下列情形之一的，应从轻或者减轻行政处罚。

（1）主动消除或者减轻生态环境违法行为危害后果的；

（2）受他人胁迫或者诱骗实施生态环境违法行为的；

（3）主动供述生态环境主管部门尚未掌握的生态环境违法行为的；

（4）配合生态环境主管部门查处生态环境违法行为有立功表现的；

（5）法律、法规、规章规定其他应当从轻或者减轻行政处罚的。

六、生态环境行政处罚影响

企业受到生态环境行政处罚会对企业的诸多税收优惠政策产生重大影响，主要包括：

1. 严重环境违法取消高新技术企业资格

《科技部　财政部　国家税务总局关于修订印发〈高新技术企业认定管理办法〉的通知》（国科发火〔2016〕32 号）第十九条规定，已认定的高新技术企业有下列行为之一的，由认定机构取消其高新技术企业资格：

……

（二）发生重大安全、重大质量事故或有严重环境违法行为的；

……

对被取消高新技术企业资格的企业，由认定机构通知税务机关按《税收征管法》及有关规定，追缴其自发生上述行为之日所属年度起已享受的高新技术企业税收优惠。

2. 环保违法处罚下达后不得享受增值税即征即退政策

《财政部　国家税务总局关于印发〈资源综合利用产品和劳务增值税优惠目录〉的通知》（财税〔2015〕78 号）第四条规定，已享受本通知规定的增值税即征即退政策的纳税人，因违反税收、环境保护的法律法规受到处罚（警告或单次 1 万元以下罚款除外）的，自处罚决定下达的次月起 36 个月内，不得享受本通知规定的增值税即征即退政策。

3. 环保违法处罚取消享受优惠政策

《财政部　国家税务总局关于进一步鼓励软件产业和集成电路产业发展企业所得税政策的通知》（财税〔2012〕27 号）第十九条规定，享受上述税收优惠的企业有下述情况之一的，应取消其享受税收优惠的资格，并补缴已减免的企业所得税税款：

……

（四）有环境等违法、违规行为，受到有关部门处罚的。

……

4. 环保违法影响企业信贷

《企业环境信用评价办法（试行）》第三十五条规定，建立健全环境保护失信惩戒机制。

对环保不良企业，应当采取以下惩戒性措施：

（1）责令其向社会公布改善环境行为的计划或者承诺，按季度向实施环境信用评价管理和直接对该企业实施日常环境监管的环保部门，书面报告企业环境信用评价中发现问题的整改情况；改善环境行为的计划或者承诺的内容，应当包括加强内部环境管理，整改失信行为，增加自行监测频次，加大环保投资，落实环保责任人等具体措施及完成时限。

（2）结合其环境失信行为的类别和具体情节，从严审查其危险废物经营许可证、可用作原料的固体废物进口许可证以及其他行政许可申请事项。

（3）加大执法监察频次。

（4）暂停各类环保专项资金补助。

（5）建议财政等有关部门在确定和调整政府采购名录时，取消其产品或者服务。

（6）环保部门在组织有关评优评奖活动中，不得授予其有关荣誉称号。

（7）建议银行业金融机构对其审慎授信，在其环境信用等级提升之前，不予新增贷款，并视情况逐步压缩贷款，直至退出贷款。

（8）建议保险机构提高环境污染责任保险费率。

（9）将环保不良企业名单通报有关国有资产监督管理部门、有关工会组织、有关行业协会以及其他有关机构，建议对环保不良企业及其负责人不得授予先进企业或者先进个人等荣誉称号。

（10）国家或者地方规定的其他惩戒性措施。

第三章

企业环境智慧化管理

第一节 企业环境智慧化管理总体要求

党的十八大以来，党中央高度重视构建美丽中国数字化治理体系，旨在通过智慧化手段推动生态文明建设。这一战略部署的核心在于利用现代信息技术，如物联网、大数据、人工智能等，推动生态环境管理的智能化、精细化与高效化。

2015 年，国务院印发的《关于积极推进“互联网 +”行动的指导意见》明确提出大力发展智慧环保，包括完善污染物排放在线监测系统、建立环境信息数据共享机制、加强对企业环境保护信用数据的采集整理等内容。这一举措为智慧环保的发展奠定了坚实基础，推动了环境监测与管理的数字化转型。

2022 年，国务院印发的《关于加强数字政府建设的指导意见》进一步强调了生态环境保护数字化转型的重要性，提出建立一体化生态环境智能感知体系、打造生态环境综合管理信息化平台等任务。这些措施旨在提升生态环境承载力、国土空间开发适宜性和资源利用科学性，以更好地支撑美丽中国建设。

2023 年，中共中央、国务院印发的《关于全面推进美丽中国建设的意见》再次强调加快数字赋能，深化人工智能等数字技术应用，构建美丽中国数字化治理体系。该意见明确提出实施生态环境信息化工程、加强数据资源集成共享和综合开发利用、加快建立现代化生态环境监测体系等具体任务，以推动生态环境质量的持续改善。

中央生态环境保护督察作为生态文明建设的重要抓手，高度重视环境管理信息化建设。自 2019 年开始的第二轮中央生态环境保护督察，将承担生态环境保护任务较重的央企纳入例行督察对象，并使用了卫星遥感、红外识别、无人机、大数据等新技术手段进行督察。这些技术手段的应用，极大地提高了督察的效率和准确性，推动了企业环境管理水平的提升。例如，使用了卫星遥感、无人机技术对其矿山开采、冶炼企业存在的生态破坏问题进行检查和取证。这种“天地空”一体化的监测手段，使环境违法行为无处遁形。同时，中央生态环境保护督察还指出了部分企业在环境管理信息化建设方面的滞后。随着环境保护督察的深入，企业面临着更加紧迫的环境防控形势。因此，企业有必要以“摸清底数、厘清关系、建立体系、智能管控”为原则，提升生态环境管理水平。智慧化手段作为提升生态环境防控的重要手段，已成为落实企业生态环境保护责任的必要手段。

党的十八大以来，党中央高度重视生态环境监测工作，推动建立了“天空地海”一体化监测网络。这一网络包括卫星、无人机、监测船、走航车等多种监测手段，实现了对大气、地表水、地下水、土壤、海洋等环境监测点位的全面覆盖。同时，通过推动环境监测机构垂直管理改革、建立责任追溯制度等措施，确保了监测数据的真实性和准确性。

党的十八大以来，我国生态环境监测成效显著。监测网络的“全覆盖”、数据质量的“大提升”以及监测信息的“快、实、新”，使生态环境监测成为指导人民生产生活的重要公共产品。未来，我国将继续加快建立现代化生态环境监测体系，包括启动“十五五”国家生态环境监测网优化调整、推进“天空地海”一体化监测网络建设等任务。

对于企业而言，随着“天空地海”一体化监测网络的逐步健全，政府将能更好地进行环境管理和决策。企业需要采取智慧化管理手段以适应新的监管要求。例如，纳入排污许可管理的重点排污单位应严格执行相关法律法规和政策要求，规范开展自行监测并依法公开监测数据；实行排污许可重点管理的排污单位应依法安装、使用、维护污染物排放自动监测设备，并与生态环境主管部门的监控设备联网。在此基础上，企业应建立内部的智慧环境监管系统，充分利用物联网、GIS、卫星遥感等技术手段，建立科学高效的监测数据收集和分析机制。通过应用监测数据，企业可以及时发现并解决生态环境问题和潜在风险，快速准确响应政府的监管需求。

生态保护红线监管平台是服务于生态保护红线管理要求的重要工具。这个平台综合利用国内外卫星资源，自动化扫描和识别地表的局部变化，及时监测预警生态破坏风险。通过这个平台，政府可以实现对生态保护红线内人类活动的全面监控和生态系统状况的实时监测。截至 2023 年 4 月，国家生态保护红线监管平台已累计发现各类人类活动图斑 3 万余个，为中央生态环境保护督察等重大任务提供了重要线索。同时，生态环境部还指导部分省（市）开展了生态保护红线监管试点工作，通过遥感监测提取疑似问题线索并移交有关省级生态环境部门进行实地核实和整改。面对各级生态保护红线监管平台的逐步建立，企业应深刻认识到生态保护的重要性，牢固树立红线意识，贯彻落实生态保护红线“面积不减少、性质不改变、功能不降低”的管理要求。企业应综合利用卫星遥感、地面观测和视频监控等监测、监控技术手段，实现对企业内部违法违规开发、环境污染和生态破坏等问题的实时监控和预警。

企业实现环境管理的数字化、智能化，不仅有助于企业提升环境管理水平，促进绿色高质量发展，也是响应国家政策、履行社会责任的重要举措。企业需要积极适应这一趋势，通过技术创新和管理创新，实现环境管理的现代化，为构建美丽中国贡献力量。

第二节　企业智慧环境监管系统建设内容

一、建设思路、原则和目标

1. 企业智慧环境监管系统建设思路

以“绿色、智慧、合规”为目标，充分利用物联网、GIS、卫星遥感、数值计算和深度学习技术，建设企业智慧环境监管系统，实现企业生态环境管理“决策科学化、管理体系化、监督自动化、台账数字化”。

（1）决策科学化。通过大数据分析、人工智能、环境仿真等手段，进行信息挖掘，实现企业对生态环境的“事前评估”，做到“决策有依据、落实有方法”。

（2）管理体系化。建立集团与下属企业之间涉及环境管理的文件下达、请示批复、机构设置、资金管理等信息化体系，做到环境管理体系“处处留痕”。

（3）监督自动化。以卫星遥感、无人机、在线监测、卫星导航等手段，实现对潜在环境风险点的实时监测，及时发现环境风险，做到环境监督“心中有数”。

（4）台账数字化。将企业涉及生态环境的基本信息、生产设施、生产工艺、环境规划、督察整改等全部实现数字化，实现生态环境台账“一套数”，做到企业环境合规“实时监管”。

2. 企业智慧环境监管系统建设原则

遵循计算机信息系统建设的一贯原则，企业智慧环境监管系统的建设以实际应用需求为主要设计依据，采用先进的、主流的技术同时兼顾未来升级与扩展，全面提升企业对环境管理的精细化、高效化和智慧化水平。

（1）以标准化为纲，促进系统建设规范化。

企业智慧环境监管系统的建设与发展必须制定统一的环境信息标准规范，对企业多年的环境数据进行整合，梳理出明确规范的编码体系和数据规则，再通过对历年业务数据的收集和整理，归纳并建立统一规范的环境数据标准和信息管理体系。各业务系统的建设应遵循统一的标准规范。进行标准体系建设时，要考虑与国家环境信息化标准的结合，并结合地方环境信息化的现状，重点进行数据和管理规范的建设。

（2）以数据流为轴，提高信息资源共享的水平和能力。

应严格遵循环境保护行业标准和环境信息化标准，以多维、立体化的思维模式，从数据库架构升级、数据结构改善、数据字典规范化、数据内容核准与筛选4个方面入手，确保数据的准确性和唯一性，全力打造出科学完善的数据模型体系，为监测信息化的高级应用提供根本的数据保障和技术支持。

通过数据中心建设，形成环境信息资源目录体系；推动数据共享机制的建立，构建环境信息资源共建共享技术指引；逐步形成环境信息统一编码规则和元数据库数据字典。

在数据中心建设过程中，应开展信息资源规划，以污染源全生命周期管理、总量减排等为主线，进行数据的梳理整合，构建全域数据模型。在《环境信息分类与代码》标准的约束下，生成全域数据模型。全域数据模型主要用以指导支撑环保局各类业务系统数据模型的设计，逐步深化并持续改进。

（3）以顶层设计为本，破解业务系统建设偏失。

将企业智慧环境监管系统建设涉及的各方面要素作为一个整体进行统筹考

虑，在各个局部系统设计和实施之前进行总体架构分析和设计，厘清每个模块在整体布局中的位置，以及横向和纵向关联的关系，提出各分系统之间统一的标准和架构参照。

对公司环保管理体系进行分析，确保企业智慧环境监管系统方向正确、框架健壮，确保管理边界明确、流程清晰。同时，系统建设不应急于求成，而要按照“再现—优化—创新”三段式发展，循序渐进地推动各项管理应用系统，最终达到通过信息技术支持行政管理机制的创新和变革。

（4）以流程规范为重，通过整合与重构推进业务协同。

传统环境管理方式中的职责不清、工作流程随意性大是制约环境信息化发展的重要管理因素。智慧环境管理系统需要做到业务流程的优化，将“职能型”模式转变为“流程型”模式。应充分重视业务流程的标准化和规范化，以标准、规范的工作流程逐渐替代依赖个人经验管理环境事务的方式。一方面对已有的应用系统进行深入整合，实现重点业务领域的跨部门协同；另一方面随时适应环保局组织体系的调整，重构一些重大综合应用系统，特别是面向公众的一些社会管理、公共服务的系统，以此达到提高公共服务能力和社会化管理水平。

（5）以数据挖掘和模型技术为径，提升综合决策能力。

引入先进的模型技术，构建环境模型模拟与预测体系，利用环境物联网感知平台获取的数据，为环境管理提供模拟、分析与预测。以环境时空数据挖掘技术、仿真建模技术等智慧化技术为支撑，为环境管理提供辅助决策支持，如突发污染扩散分析、污染物总量分析预测、水环境预测预报、环境治理绩效评估等，提高综合决策能力。

3. 企业智慧环境监管系统建设目标

智慧环境监管系统以实现集团公司监管功能为出发点，将集团日常环境管理、环境信息大数据分析、环境自动监测预警、生态修复遥感评估、环境风险评估与隐患排查治理等流程信息化，并开发移动客户端实现整个集团包括所有二级部门和子公司全员参与、有迹可循、实时跟踪。

（1）环境一套账。将集团公司环境相关资料根据分级管理的原则，建立起一套涵盖建设项目管理、环境治理设施、环境监测、排污许可等全要素的环境管理台账，做到“可查询、可下载、可分析”，并能根据集团公司环境管理要素之间的关系，建立其拓扑关联。

（2）实时监督。针对中央生态环境保护督察发现的环境超标排放、矿山超采、生态修复滞后等问题，通过系统将全集团公司污染排放监测（手工监测采用录入方式）接入系统，实时发现超标预警；针对矿山超采、废石不按规定堆放等问题，采用卫星遥感技术，定期监测，实时发现违规问题；针对采矿证、排污许可证执行中的违规问题，采用将监测和证件许可指标进行对比方式，实时预警可能的潜在违规问题。同时，系统将采用深度学习的方式，对下属公司潜在的超排放问题发出预警。

（3）分级管理。集团公司下属企业层级多、企业属性不同。为履行企业环境管理主体责任，系统设计为分级管理模式，实现不同企业管理内容不同、管理权限不同。分级管理模式，充分实现了集团公司在环境管理方面的责权一体，打通集团公司环境管理链路。

（4）移动应用。开发移动应用 App，通过移动 App 实现监督、报警、预警信息的实时在线掌握。移动 App 除了实现在线移动监督的功能，也将实现移动巡查功能，能够将环境监测、矿山开采验证、标识设置等现场采集的信息实时回传给系统，为各级管理者评估、决策提供信息支持。

通过智慧环境系统持续运行与完善，实现环境台账、环境监测、政策文件、督察整改、环境绩效全部数字化，综合利用卫星遥感、卫星导航、无人机、在线监测等，采用环境仿真、三维建模、深度学习等技术，进行大数据分析实现集团公司生态环境的“事前管理”，辅助集团进行精准管理、智能监管与科学决策。结合企业环境底数、监督数据与环境监管要求、排污许可、矿权批复等，构建全集团“上下联动、横向互通”的一体化现代环境管理体系，实时发现违规环境风险点，进行集团公司对生态环境“全天候”监管，推进集团公司的现代环境治理体系建设。

二、企业智慧环境监管系统设计

1. 企业智慧环境监管系统总体架构

充分借助计算机技术、无线通信技术、卫星遥感技术、大数据学习技术等技术手段，开发一个能够面向集团公司未来环境管理需求的智慧化环境管理系统，为企业环境管理提供“全维度、全天候、长周期”的现代化管理工具。

企业智慧环境监管系统纵向上分为 6 个层次和 1 个 App，包括设施现场层、数据感知层、数据传输层、数据中心层、应用支撑层、智慧平台层和移动管理 App，系统实现了全集团公司环境全要素的体系化管理，具体见图 3-1。

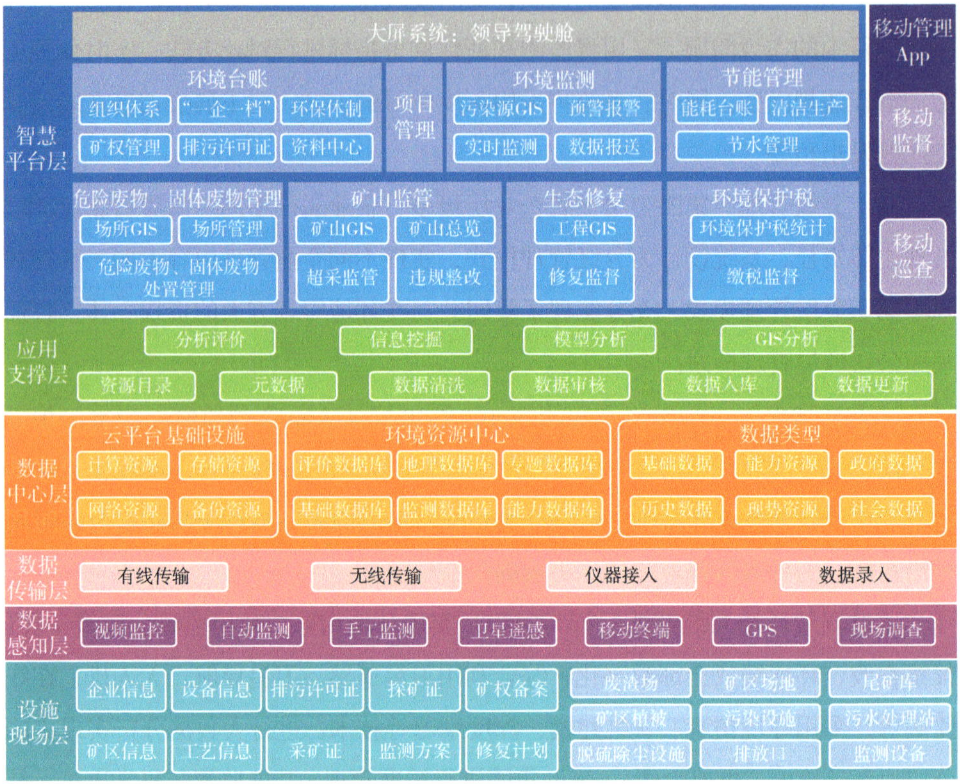

图 3-1 企业智慧环境监管系统总体架构（以矿业类企业为例）

（1）设施现场层。设施现场层是集团公司所涉及的环境管理要素，环境管理要素信息和国家生态环境保护法律法规、规范等结合，可以实现自上而下的监督管理。涉及基本的企业信息、设备信息、排污许可信息、工艺信息、监测信息和修复信息等基本信息；同时，针对集团公司（以矿业类企业为例）监督需求，还涉及矿场、污水处理站、排口监测设备、矿区植被等能够通过监测手段实现实时和定期监督的对象。

（2）数据感知层。就是能够将系统监管的环境要素信息采集回来，可采用视频、数据填报、移动终端以及现场勘查等技术手段，以及卫星遥感、无人机巡航、污染源自动监控、空气质量监测微站、用电用能监控等物联网监测技术。数据感知层采集到的信息属于集团公司环境智慧化监管的第一手信息，可为集团环境问题的快速发现、高效核查、精准溯源提供完整的感知分析技术体系。

（3）数据传输层。数据感知层采集的数据需要传回数据中心，汇集形成全集团公司环境监管数据仓库。根据数据采集手段的不同，数据传输采用有线传输、无线传输、仪器接入、数据录入等方式。

（4）数据中心层。数据中心是全集团公司所有历史、实时环境要素数据的汇集中心，涵盖了台账、环境监测、环境监督等信息。数据存储在数据中心硬件上，并通过集团公司环境管理数据的汇聚整合及其标准化处理、数据清洗、数据分类，构建不同的数据库表，建立统一的环境管理大数据中心，为集团各类环境应用及其软件系统提供规范一致、高效安全的环境管理数据服务，以便业务应用系统使用。

（5）应用支撑层。应用支撑层是在数据中心的基础上，将各种数据按照各种规范标准和业务应用系统需求，实现开发能够快速进行业务应用的共性的、通用的应用算法模块。

（6）智慧管理层。智慧管理层是直接面向集团公司各级环境管理用户的实际业务系统，是直接呈现在管理者面前的系统。

（7）移动管理 App。移动管理 App 通过开发手机端（android、ios、harmonyos）移动 App，为集团公司的环境管理者提供监测监督、预测预警和移动巡查等功能。

2. 企业智慧环境监管系统架构设计

（1）层次结构架构设计。将整个系统进行分层设计，将不同的功能划分为不同的模块（如环境台账、项目管理、环境监测等模块），并设置各个模块之间的调用接口和交互逻辑。

（2）数据存储与管理架构设计。环境管理涉及大量异构性的数据源，需要支持大规模数据的采集、存储、管理和访问等操作。因此，需要采用分布式的数据存储技术，如 Hadoop、NoSQL 等，设计数据访问接口和数据处理逻辑，以及研制环境管理数据分类编码、元数据、数据整合、数据编目及数据共享服务等一系列标准规范。

（3）运维管理架构设计。针对企业智慧环境监管系统，必须设计一套稳定、可靠的运维管理架构来保证系统的稳定性和可用性。该架构应包括集中的日志管理、性能监控、报警处理和服务治理等。

（4）安全性架构设计。企业智慧环境监管系统应具有高安全性的特性，包括数据安全、系统安全等。需要采用多种技术手段来保证其安全性，如身份认证、鉴权、加密、审计等，确保系统可以有效地防范黑客攻击和数据泄露等风险。

（5）可扩展性架构设计。企业智慧环境监管系统的功能需求必然随着时间的推移而不断增加。因此，系统需要具备良好的可扩展性，包括水平扩展和垂直扩展。

（6）智能化架构设计。通过机器学习和人工智能技术，实现环境预警、污染源自动识别、全流程自动追踪等智能化功能，帮助企业实现更加智能化、高效化的环保管理。

3. 企业智慧环境监管系统平台设计

（1）大屏系统：领导驾驶舱。领导驾驶舱能够在大屏系统上展示集团公司环境管理的全貌，主要突出顶层管理者最关注的环境管理问题。针对企业环境特点和组织体系特点，领导驾驶舱系统分为两个层级，一个是集团层级，另一个是下属公司层级。

集团层级领导驾驶舱以在线地图为核心，分为基本信息板块、固体废物板块、污染排放总量板块、节能减污板块和实时报警板块，可以让使用者掌握集团环境的总体信息。

下属公司层级领导驾驶舱以中间的厂区布局为核心，分为基本信息板块、产污环节统计板块、污染排放总量板块、节能减污板块、实时报警板块和排口监督板块（如是矿山企业，根据关注重点不同，可改为矿山监督板块；针对辐射企业，可相应修改为辐射监督板块），可以让使用者掌握全公司环境的总体信息。

（2）环境台账管理系统。环境台账管理系统是整个智慧环境监管系统的数据汇集处，大部分涉及管理台账的资料都在该功能模块中，让使用者能够及时了解所关注的环境资料信息。

环境台账管理系统在功能层级上分为企业管理、排污许可证管理和资料中心。

a）企业管理系统。企业管理系统的目标是让管理者掌握集团公司管理涉及的主体单位以及它们之间的组织逻辑关系。通过“企业 GIS 子系统”，让管理者直观掌握所有管理企业的地理分布情况；通过从环保监管角度建立的“一企一档”子系统，让管理者详细掌握该管理对象的污染设施、治理设施和污染监测设备等信息；通过组织体系角度建立的“管理体制子系统”，让管理者掌握全集团环境管理机构之间的逻辑关系，并能够通过分级管理，厘清本级机构的环保制度建设、环保会议管理和环保奖惩管理。

企业 GIS 子系统：采用在线地图的方式，将不同企业的地理坐标叠加在在线地图上，让管理者掌握全集团公司或所管辖公司的地理位置分布情况。

“一企一档”子系统：为集团下属的每个企业建立起一个环境领域的详细档案，涵盖企业的基本信息、证件信息、管理机构、设施工艺、污染防治全维度环境管理与防治。企业基本信息模块应包括企业地址、主管单位、基本情况介绍、业务类型以及相关的法人与环境管理人员等信息，从宏观角度刻画该企业的总体情况。证件信息模块应记录该企业所具有的所有经营需要的证件，同时标识出证件的取得时间，需要换证的时间，以便上级管理单位能够及时监督下属企业换证。管理机构模块应集中展示该企业环境部门的人员配置信息，以及环境管理职责。设施工艺模块应展示该企业所有生产工艺过程中采用的设备及工艺情况，并依据国家相关市场准入清单、相关设备的淘汰目录等情况，标识出该企业设备工艺是否属于“两高”类型。污染防治模块应从整体上展示该企业的污染设施、污染防治设施、污染排口和污染监测之间的逻辑关系。通过建立的逻辑关系，进一步查看相应设施和设备的详细信息。该部分包括污染治理逻辑关系、治理设施信息、污染排口信息、监测设备信息等模块。污染治理逻辑关系模块应展示产污环节、防治设施、污染排口以及监测设备之间的连接关系；治理设施信息模块应记录各类污染所采取的防治措施，如脱硫除尘设备、污水处理站等，让管理者掌握该企业污染防治措施开展的详细情况；污染排口信息模块应记录该企业的全部排口信息，用于排污口的规范化管理；监测设备信息模块应记录该企业的全部自动监测设备信息，以便管理者判断是否满足污染源监测的规范要求。

环境管理体制子系统：从管理的角度建立全集团公司环境管理的组织机构关系，并描述每个管理机构的管理职责以及相应的管理机制，包括不同环境管理，单位与上下级的环境管理单位之间的权限关系、每个环境管理机构配置情况以及相应的职责、环境管理制度建设、环境保护会议管理和环保奖惩等情况。

b）排污许可管理系统。排污许可证数字化管理的目的是能够与其他监管系统相结合，实现对企业污染排放的监督。

排污许可证管理系统应列出集团公司内的所有排污许可证，形成排污许可证档案总览，并可以根据企业、企业类型、证件类型和到期情况进行检索。具备变更权限的用户，可以更新排污许可证换发等实际情况，以便实现污染物排放的实时和动态监管。此外，系统还包括排污许可执行报告自动生成与自动填报功能。

c）资料中心。资料中心的核心作用是能够将与集团公司环境管理有关的文件资料汇集到一起，便于查询和下载，形成集团公司环境管理文件资料的“中心引擎”。资料中心的文件分为监测监督类、政策文件类和集团文件类三种类型。

d）监测监督资料。包括集团公司的项目监管资料、环境监测资料、证件资料等。项目监管资料包括集团公司的新建、扩建、改建、技改项目的批复资料（如环评批复等）、环评资料（如环评报告书、环评报告表等）、验收资料（如施工合同、竣工验收报告、竣工验收意见、竣工环保验收报告、竣工环保验收意见等），实现项目关联多文件的集中查询和下载。环境监测资料包括集团公司或下属公司污染监测报告和排污许可执行报告。证件资料包括集团公司和下属公司的各类证件。

e）政策文件资料。近年来，随着生态环境质量改善、污染治理措施管控以及产业优化布局等方面加强和集中，环保领域政策文件、标准、规范等文件越来越多，涉及的领域也很庞杂。如果没有很好地对国家一级地方政府环境政策文件进行解读与采用，将给公司环境管理、治理带来负面影响。本功能模块主要基于发文机构和文件涉及的领域进行划分，同时，为了便于紧跟国家政策文件，应将文件根据年度进行明确划分。检索到的政策文件，可查看和集中下载。

f）集团文件资料。由于集团公司体系庞大，涉及环保的文件资料也较多，为便于文件检索、查看和下载，应在大类上根据制度文件、规划计划、会议文件、自查自纠、工作总结、责任报告、环保考核和督察整改等进行分类。同时，还应设置按照年度进行分类集中的方式，以便掌握不同年度集团公司及下属单位在环保领域制定、出台的文件。

4. 建设项目管理系统

建设项目管理系统主要用于监督集团公司所有建设项目是否按照国家规定开展了“三同时”工作。根据每个建设项目填报的信息确定其是否存在环节缺失、程序缺失和资料不满足要求的现象，防止出现未批先建、未验先投、批建不符等违规现象。重点关注以下几个方面：

（1）建设项目批复。建设项目“三同时”是核心，包括初设文件是否包含环境保护设置、环境保护设施是否有资金配备、环境影响评价以及环境影响评价文件是否取得了地方生态环境部门的批复。项目建设应按照规定，对建设项目涉及的设计文件、批复文件等进行上传。如果项目涉及林地草地用地、取水、造成水土流失、土地复垦和能源评估等方面，则还需上传相关的报告和批复文件。

（2）建设项目验收与后评价。建设项目的完整闭环是项目验收通过，同时配套环境保护设施也验收通过。此外，根据建设项目管理要求，建设项目应该在项目实施后的 5 年内开展“环境保护设施竣工验收后评价”。因此，应将集团公司内所有的建设项目验收资料进行集中上传，系统将会根据上传的资料设定甄别信息，进行提醒。尤其是 5 年内的环境保护设施验收后评价，将在系统中根据项目验收时间，自动设置时间提醒功能。

5. 环境监测系统

将集团公司所属的在线废水、废气、噪声等监测数据接入系统，实时评估、统计、预警超标排放问题；同时，针对具有污染防治措施的污染排口，监测接入治理设施的工况情况，以便能够实时掌握污染治理设施运行状况。

环境监测基于多源数据的环境风险智能预警和闭环处置机制，核心是为了防止超标排放和污染物排放总量超标，因此，应专门设置报警预警模块。报警是实时监测报警，预警是经模拟计算后针对潜在的污染排放总量超标而发出的事先预警。此外，还应针对重污染天气，进行重污染天气模拟与高效应急管控。

6. 节能管理系统

节能管理系统的核心目标是依据国家“碳减排”“清洁生产”“节水评价”等要求，从降低能耗、减少污染排放、增强再生水利用等角度去定期核算集团公司相关企业的减排、降耗、节水等工作情况。本系统共分为碳排放核算、清洁生产与节水管理三个方面。

（1）碳排放核算。从集团公司以及下属公司的角度核算全集团二氧化碳年度排放总量，以及不同企业类型、不同能源使用导致的碳排放量，形成碳核查数据证据链。同时，通过系统展示集团公司或下属企业的主要碳排放源，以及相应的碳排放减排计划与措施。

（2）清洁生产。将集团公司内企业开展的清洁生产情况进行汇总，并能够查看不同企业清洁生产审核开展的详细信息。针对强制性清洁生产审核，应列出下次清洁生产审核的截止日期，以便上级单位能够对其形成监督。

此外，实现清洁生产审核的企业，应展示其清洁生产的水平，分为三级：一级为国际先进水平，二级为国内先进水平，三级为国内普通水平。在制定清洁生产目标基础上，可以查看实现本次清洁生产目标所采用的中/高费用方案。中/高费用方案中，可以明确采用的方案、投资额度、实施时间以及预期环境效果等指标。

（3）节水管理。核心目标是掌握集团公司及下属企业水资源管理情况，进一步掌握每个企业的水平衡情况。一方面关注各种类型产生水的总量，另一方面关注不同类型水的再利用量、处理量和排放量，并且将各企业的用水水平与全国同行业评估比对。

7. 危险废物、固体废物管理系统

危险废物、固体废物管理系统针对危险废物的产生量、贮存、处置情况进行管控，跟踪各种危险废物、固体废物的流转去向，并用国家规范标准进行审核，监督其违规、违建行为。

以矿山企业的尾矿库为例，应显示不同类型危险废物、固体废物在不同尾矿库、回填以及外运的数量，每个尾矿库的所属单位、运行或闭库状态、是否建设物资应急库、是否开展了环境影响评价、是否制定了环境风险应急预案、承担危险废物处置的企业是否具备相应的资质、是否签订了危险废物运输与处置合同等比较关键的信息。并且，依据《危险废物填埋污染控制标准》（GB 18598—2019）、《尾矿设施设计规范》（GB 50863—2013）等标准，建立危险废物、固体废物贮存、处置场所信息详情卡，并部分实现合规检核。

8. 环境保护税管理系统

通过在线监测、手工填报的污染排放数据，评估不同企业应该缴纳的环境保护税额度，同时根据各个企业环境保护缴税实际情况，进行环境保护少缴、未缴等方面的监督。主要分为两方面的功能，一个是环境保护税台账，另一个是环境保护税缴纳分析预警。

环境保护税台账是从集团公司的层面能够建立起全集团环境保护税缴纳的总体台账，包括本年度环境保护税缴纳总额度以及在废水、废气、噪声、固体废物等方面缴纳税额的汇总。根据企业类型进行缴税的分类汇总，在集团所有缴纳环境保护税中，采矿业、冶炼业、建筑业、服务业等不同类型企业缴纳的不同污染物的环境保护税。针对不同污染物类型，对不同行业缴税情况进行统计，例如，针对大气污染排放缴税情况，同样按照采矿业、冶炼业、建筑业等业务类型进行分类统计。最终形成集团公司下属企业的环境保护台账，展示每个企业在大气、废水、噪声、固体废物等不同领域的缴纳税额情况。

通过环境保护税缴纳台账，可以链接跳转到不同企业的环境保护税分析预警模块。该模块主要分析两种类型，一种是分析评估的环境保护税额和实际缴纳环境保护税额事件差距均较大，另一种是没有按时缴纳环境保护税情况。针对缴纳环境保护税的情况，用户将通过上传纳税单的方式，声明其已经缴纳环境保护税。针对实际缴纳环境保护税额与评估不符的情况，将通过监测、上报的污染物数量，根据各地区不同污染物的缴税标准，预先评估缴费额度，当发现评估与实际缴纳数额有较大差异时，将发出预警信息。污染物预估纳税核算标准，采用目前国家公布的纳税标准，其中，大气污染物缴税污染物指标包含 44 种、水污染物缴税污染物指标包含 65 种，噪声污染缴税则分为 6 个等级，固体废物污染物涉及煤矸石、尾矿、危险废物、冶炼渣、粉煤灰、炉渣以及其他固体废物。

9. 智慧环境管理平台系统管理

系统管理应至少包括权限管理、系统设置两部分。

权限管理通过可视化界面，实现所有权限配置，完成对统一权限管理的用户角色定义，以及实现对现有人员进行动态分组。

系统设置除了提供日常管理的主要工作，还包括日志管理、系统管理、部门基本信息、人员基本信息、参数管理、资源管理等。

第三节 大模型和人工智能在企业环境管理中的应用

一、大模型和人工智能在环境领域的垂直应用

随着大模型和人工智能技术的快速发展，尤其是生成人工智能模式的突破，为其在环境领域的垂直应用打开了空间。

人工智能在环境领域应用的关键是在通用大模型基础上搭建具体的专业业务模型，如排污许可管理模型、清洁生产模型、环保合规模型等，并通过二者的有机结合产生合适的应用场景。

二、某大型企业集团减污降碳协同 AI 管理系统

传统的企业环境信息系统在信息管理方面是有用的，但如果能叠加人工智能，则可以形成更有效的决策支持，并带来很多便利。

图 3-2 是某大型企业集团减污降碳协同 AI 管理系统的总体框架。该系统在考虑了减污降碳协同系统集成的基础上，融入了知识库、数据库和模型训练，形成了具有智能识别、智能问答、智能推荐等功能的环保管家机器人服务。

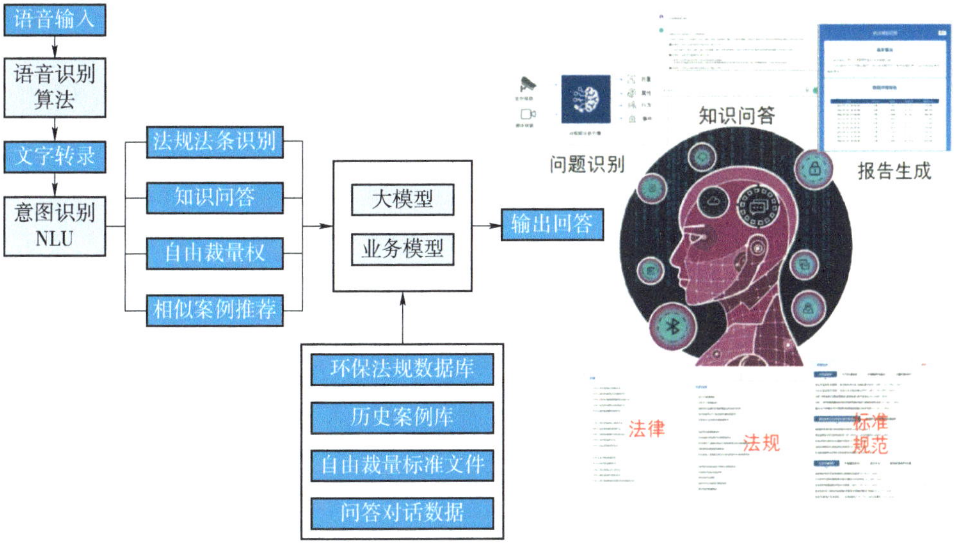

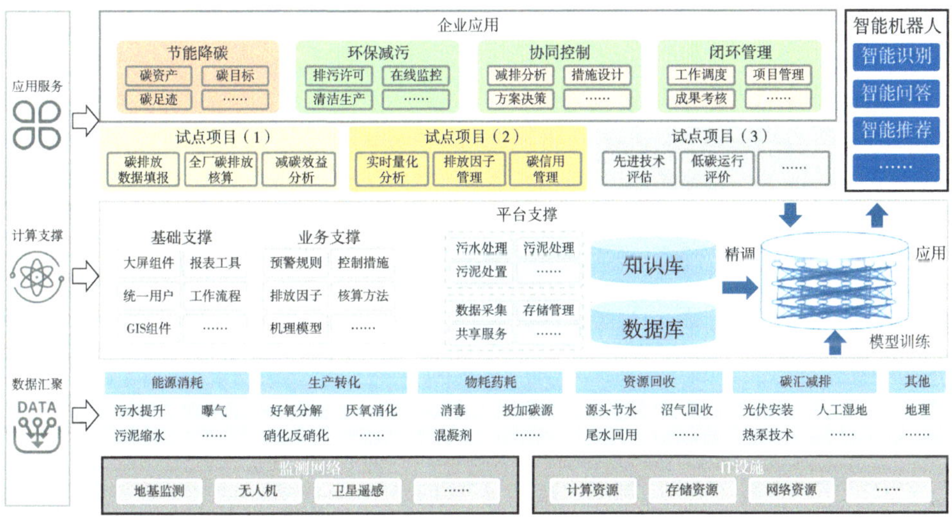

图 3-2　某大型企业集团减污降碳协同 AI 管理系统总体框架

第四章

生态环境保护管理趋势展望

随着我国经济社会的快速发展，生态环境保护管理已成为国家发展的重要组成部分。近年来，我国在生态环境保护方面取得了显著成效，但面临的任务依然艰巨。未来，生态环境保护管理将呈现一系列新的趋势，这些趋势将推动生态环境质量的持续改善，促进美丽中国建设。

一、政策与法规体系不断完善

近年来，我国在生态环境保护方面的政策和法规体系不断完善。例如，2024 年国务院总理李强在政府工作报告中提出，要加强生态文明建设，推进绿色低碳发展，深入践行“绿水青山就是金山银山”的理念。这个理念的提出，标志着我国生态环境保护管理进入了一个新的阶段。同时，各级政府也出台了一系列具体的政策和措施，如《关于推动职能部门做好生态环境保护工作的意见》《关于统筹推进自然资源资产产权制度改革的指导意见》等，这些政策为生态环境保护提供了有力的制度保障。

未来，随着生态环境治理体系和治理能力现代化的推进，我国将进一步完善生态环境保护的法律法规体系。一方面，将继续加强环境立法，制定和修订相关法律法规，以应对新的环境问题；另一方面，将加大执法力度，确保各项环保政策得到有效执行。同时，还将推动生态环境司法专门化，通过法律手段保障生态环境保护工作的顺利进行。

二、治理体系更加现代化与多元化

生态环境治理是一项系统工程，需要政府、市场和社会各方面的共同参与。近年来，我国在生态环境治理方面不断探索和创新，形成了政府主导、企业主体、社会组织和公众共同参与的现代环境治理体系。这一体系的建立，为生态环境保护提供了有力的支撑。

未来，我国将继续推动生态环境治理体系的现代化和多元化。一方面，将加强政府的宏观调控和监管作用，完善生态环境治理的责任体系和监管体系；另一方面，将充分发挥市场和社会的作用，推动形成多元化的生态环境治理格局。例如，通过发展绿色金融、支持符合条件的企业发行绿色债券等方式，引导社会资本投入生态环境保护领域；同时，鼓励社会组织和公众参与生态环境治理，形成全社会共同呵护生态环境的良好氛围。

三、绿色低碳发展深入推进

绿色低碳发展是我国未来生态环境保护的重要方向。近年来，我国在绿色低碳发展方面取得了显著成效，如可再生能源发电装机规模历史性超过火电，全年新增装机超过全球的 50%。这些成绩的取得，为我国绿色低碳发展奠定了坚实的基础。

未来，我国将继续深入推进绿色低碳发展。一方面，将加强能源结构调整，推动清洁能源的广泛应用，降低化石能源的消费比重；另一方面，将推动产业绿色转型，加快传统产业的升级改造，发展绿色新兴产业。同时，还将加强节能降耗工作，通过提高能效标准、推广节能技术等方式，降低单位国内生产总值的能耗水平。

四、生态环境质量持续改善

生态环境质量的持续改善是我国生态环境保护管理的核心目标。近年来，我国在生态环境质量改善方面取得了显著成效，如全国地级及以上城市 $PM_{2.5}$ 的平均浓度持续下降，地表水环境质量继续向好等。这些成绩的取得，为人民群众提供了更好的生态环境。未来，我国将继续致力于生态环境质量的持续改善。一方面，将加强污染防治工作，深入打好污染防治攻坚战，降低主要污染物的排放总量；另一方面，将加强生态保护与修复工作，通过实施重大生态修复工程、加强自然保护区建设等方式，提升生态系统的稳定性和服务功能。同时，还将加强生态环境监测和预警工作，及时发现和解决生态环境问题。

五、科技创新与人才培养不断加强

科技创新和人才培养是生态环境保护管理的重要支撑。近年来，我国在生态环境保护领域的科技创新和人才培养方面取得了显著进展，如研发了一系列先进的环保技术和装备，培养了一批高素质的环保专业人才。随着近年来大模型和人工智能技术的突破，其在生态环境领域的应用也逐渐展开，为监管部门的精准管理和排污单位的持续合规提供了有效的技术支持。例如，监管部门引入AI执法助手将大幅提高执法效率，并通过现场监管和非现场监管的协调实现对排污企业的精准管理。未来，我国将继续加强生态环境保护领域的科技创新和人才培养工作。一方面，将加大科研投入力度，支持环保新技术、新工艺和新产品的研发与推广；另一方面，将加强人才培养和引进工作，培养一批具有国际视野和创新能力的高层次环保人才。同时，还将加强国际合作与交流，借鉴国际先进经验和技术成果，推动我国生态环境保护事业的不断发展。

六、全球气候治理的积极参与

气候变化是全球性的环境问题，需要各国共同努力应对。近年来，我国在应对气候变化方面取得了显著成效，如积极参与全球气候治理、推动绿色低碳发展等。这些努力不仅为我国的生态环境保护事业作出了贡献，也为全球气候治理提供了有益的经验和借鉴。未来，我国将继续积极参与全球气候治理工作。一方面，将加强与国际社会的合作与交流，共同应对气候变化带来的挑战；另一方面，将推动国内绿色低碳发展政策的落实和完善，为全球气候治理提供有力的支持。同时，还将加强气候变化科学研究和技术创新工作，为全球气候治理提供科学依据和技术支撑。

综上所述，我国生态环境保护管理在未来将呈现政策与法规体系的不断完善、治理体系的现代化与多元化、绿色低碳发展的深入推进、生态环境质量的持续改善、科技创新与人才培养的加强以及全球气候治理的积极参与等趋势。这些趋势将推动我国生态环境保护事业的不断发展，为人民群众提供更好的生态环境和更高质量的生活水平。同时，也需要我们保持清醒的认识和坚定的决心，不断加强生态环境保护管理工作，为实现美丽中国建设的目标而努力奋斗。